MÉTAPHYSIQUE

PARIS

RÉFLEXIONS

SUR LA

MÉTAPHYSIQUE

DU CALCUL INFINITÉSIMAL.

A BORDEAUX,

Chez GASSIOT, libraire, Fossés de l'Intendance, n° 61.

A LEIPSIG,

Chez MICHELSEN, libraire.

A LONDRES,

Chez DULAU et comp., libraire, 57, Soho-Square.

IMPRIMERIE DE BACHELIER,
rue du Jardinet, n° 12.

RÉFLEXIONS

SUR LA

MÉTAPHYSIQUE

DU

CALCUL INFINITÉSIMAL ;

Par CARNOT,

Membre de la Légion-d'Honneur, de l'Institut de France, des Académies de Dijon, Munich, Corcyre, etc.

TROISIÈME ÉDITION.

PARIS,

BACHELIER, IMPRIMEUR-LIBRAIRE

POUR LES MATHÉMATIQUES, ETC.

Quai des Augustins, n° 55.

1839

RÉFLEXIONS

SUR LA

MÉTAPHYSIQUE

DU CALCUL INFINITÉSIMAL.

—————◆—————

Je cherche à savoir en quoi consiste le véritable esprit du Calcul infinitésimal : les réflexions que je propose à ce sujet sont distribuées en trois chapitres : dans le premier j'expose les principes généraux de l'analyse infinitésimale ; dans le second j'examine comment cette analyse a été réduite en algorithme, par l'invention des calculs différentiel et intégral ; dans le troisième je compare cette analyse aux autres méthodes qui peuvent la suppléer, telles que la méthode d'exhaustion, celle des indéterminées et indivisibles, celle des indéterminées, etc.

CHAPITRE PREMIER.

Principes généraux de l'analyse infinitésimale.

1. Il n'est aucune découverte qui ait produit dans les sciences mathématiques, une révolution aussi heureuse et aussi prompte que celle de l'analyse infinitésimale; aucune n'a fourni des moyens plus simples ni plus efficaces pour pénétrer dans la connaissance des lois de la nature. En décomposant, pour ainsi dire, les corps jusque dans leurs élémens, elle semble en avoir indiqué la structure intérieure et l'organisation; mais comme tout ce qui est extrême échappe aux sens et à l'imagination, on n'a jamais pu se former qu'une idée imparfaite de ces élémens, espèces d'êtres singuliers, qui, tantôt jouent le rôle de véritables quantités, tantôt doivent être traités comme absolument nuls, et semblent par leurs propriétés équivoques, tenir le milieu entre la grandeur et le zero, entre l'existence et le néant (1).

---

(1) Je parle ici conformément aux idées vagues qu'on se fait communément des quantités dites *infinitésimales*, lors-

Heureusement cette difficulté n'a pas nui au progrès de la découverte : il est certaines idées

qu'on n'a pas pris la peine d'en examiner la nature; mais dans le vrai, rien n'est plus simple que l'exacte notion de ces sortes de quantités. Qu'est-ce, en effet qu'une quantité dite infiniment petite en mathématiques? Rien autre chose qu'*une quantité que l'on peut rendre aussi petite qu'on le veut, sans qu'on soit obligé pour cela de faire varier celles dont on cherche la relation.*

Quelles sont dans une courbe, par exemple, les quantités dont on veut obtenir la relation? Ce sont, indépendamment des paramètres, les coordonnées, les normales, sous-tangentes, rayons de courbure, etc. Eh bien! les dx et dy sont des quantités infiniment petites, non parce qu'on les regarde en effet comme très petites, ce qui est fort indifférent, mais parce qu'on les considère comme pouvant devenir encore plus petites, quelque petites qu'on les ait supposées d'abord, sans qu'on soit obligé de rien changer à la valeur des autres quantités dont nous venons de parler, et qui sont celles dont on cherche la relation.

Or il suit de cette seule définition, que toute quantité infiniment petite peut se négliger dans le cours du calcul, vis-à-vis de ces mêmes quantités dont on cherche la relation, sans que le résultat du calcul puisse en aucune manière s'en trouver affecté.

En effet, en négligeant, par exemple, dans le cours du calcul dx ou dy, par comparaison à l'une quelconque des quantités dont on cherche la relation, comme x ou y, l'erreur que l'on commet est aussi petite qu'on le veut, puisqu'on est toujours maître de rendre dx et dy aussi petites qu'on le veut. Donc si le résultat demeurait affecté de cette erreur, on pour-

1..

primitives qui laissent toujours quelque nuage dans
l'esprit, mais dont les premières conséquences
une fois tirées, ouvrent un champ vaste et facile

---

rait y atténuer cette même erreur autant qu'on le voudrait,
en diminuant de plus en plus les valeurs de dx et dy : donc
ce résultat contiendrait nécessairement dx ou dy, ou quelques-unes de leurs fonctions; ce qui n'est pas, comme on le
sait, et ce qui ne saurait être, puisque ces quantités ne font
point partie de celles dont on veut obtenir la relation : elles
n'entrent dans le calcul que comme auxiliaires, et ce calcul
n'est regardé comme fini, que du moment où ces auxiliaires
en sont toutes éliminées. C'est donc dans cette double propriété, 1° de pouvoir toujours être rendues aussi petites qu'on
le veut; 2° de pouvoir l'être sans qu'on soit obligé de changer
en même temps la valeur des quantités dont on veut trouver
la relation, que consiste le véritable caractère des quantités
infiniment petites. C'est faute d'avoir fait attention à la seconde de ces propriétés, qu'on a laissé si long-temps sans réponse directe et satisfaisante, les objections captieuses, qui ont
été si souvent renouvelées contre l'exactitude de la méthode
leibnitzienne. Car ce n'est pas répondre directement, que de se
borner à faire voir dans chaque cas particulier, la conformité
des résultats de cette méthode avec ceux des autres méthodes
rigoureuses, telle que celle d'exhaustion, celle des limites,
ou l'algèbre ordinaire : c'est éluder la difficulté, et rejeter,
pour ainsi dire, parmi les méthodes secondaires, celle qui
doit tenir le premier rang, autant par la rigueur même de sa
doctrine, qui sous ce rapport, ne le cède à aucune autre, que
par la simplicité de sa marche, par où elle l'emporte incontes-
tablement sur tous les autres procédés connus jusqu'à ce jour.

à parcourir. Telle a paru celle de l'infini, et plusieurs géomètres en ont fait le plus heureux usage, qui n'en avaient peut-être point approfondi la notion; cependant les philosophes n'ont pu se contenter d'une idée si vague; ils ont voulu remonter aux principes; mais il se sont trouvés eux-mêmes divisés dans leurs opinions, ou plutôt dans leur manière d'envisager les objets. Mon but dans cet écrit est de rapprocher ces différens points de vue, d'en montrer les rapports, et d'en proposer de nouveaux.

2. La difficulté qu'on rencontre souvent, à exprimer exactement par des équations, les différentes conditions d'un problème, et à résoudre ces équations, a pu faire naître les premières idées du Calcul infinitésimal. Lorsqu'il est trop difficile, en effet, de trouver la solution exacte d'une question, il est naturel de chercher au moins à en approcher le plus qu'il est possible, en négligeant les quantités qui embarrassent les combinaisons, si l'on prévoit que ces quantités négligées ne peuvent, à cause de leur peu de valeur, produire qu'une erreur légère dans le résultat du calcul. C'est ainsi, par exemple, que ne pouvant découvrir qu'avec peine les propriétés des courbes, on aura imaginé de les regarder comme des polygones d'un grand nombre de côtés. En effet, si l'on conçoit, par exemple, un polygone régulier inscrit dans un

cercle, il est visible que ces deux figures, quoique toujours différentes et ne pouvant jamais devenir identiques, se ressemblent cependant de plus en plus à mesure que le nombre des côtés du polygone augmente, que leurs périmètres, leurs surfaces, les solides formés par leurs révolutions autour d'un axe donné, les lignes analogues menées au dedans ou au dehors de ces figures, les angles formés par ces lignes, etc. sont, sinon respectivement égaux, au moins d'autant plus approchans de l'égalité que ce nombre de côtés devient plus grand; d'où il suit qu'en supposant ce nombre de côtés très-grand en effet, on pourra sans erreur sensible, attribuer au cercle circonscrit, les propriétés qu'on aura trouvées appartenir au polygone inscrit.

En outre, chacun des côtés de ce polygone diminue évidemment de grandeur, à mesure que le nombre de ces côtés augmente; et par conséquent, si l'on suppose que le polygone soit réellement composé d'un très-grand nombre de côtés, on pourra dire aussi que chacun d'eux est réellement très-petit.

Cela posé, s'il se trouvait par hasard dans le cours d'un calcul une circonstance particulière, où l'on pût simplifier beaucoup les opérations, en négligeant, par exemple, un de ces petits côtés par comparaison à une ligne donnée, telle que le rayon, c'est-à-dire, en employant dans le calcul cette ligne donnée au lieu d'une quantité qui serait égale à la somme faite de cette ligne et du petit côté en question, il est clair qu'on pourrait le faire sans inconvénient, car l'erreur qui en résulterait ne pourrait être qu'extrêmement petite, et ne mériterait pas qu'on se mît en peine pour en connaître la valeur.

3. Par exemple, soit proposé de mener une tangente au point donné M de la circonférence MBD (*Fig.* 1.).

Soit C le centre du cercle, DCB l'axe; supposons l'abscisse DP $= x$, l'ordonnée correspondante MP $= y$, et soit TP la sous-tangente cherchée.

Pour la trouver, considérons le cercle comme un polygone d'un très-grand nombre de côtés; soit MN un de ces côtés, prolongeons-le jusqu'à l'axe; ce sera évidemment la tangente en question, puisque cette ligne ne pénétrera pas dans l'intérieur du polygone; abaissons de plus la perpendiculaire MO sur NQ, parallèle à MP, et nommons a le rayon du cercle; cela posé, nous aurons évidemment MO : NO :: TP : MP, ou $\dfrac{MO}{NO} = \dfrac{TP}{y}$.

D'une autre part, l'équation de la courbe étant pour le point M, $yy = 2ax - xx$, elle sera pour le point N

$$(y + NO)^2 = 2a(x + MO) = (x + MO)^2,$$

ôtant de cette équation la première, trouvée pour le point M, et réduisant, on a

$$\frac{\text{MO}}{\text{NO}} = \frac{2y + \text{NO}}{2a - 2x - \text{MO}};$$

égalant donc cette valeur de $\frac{\text{MO}}{\text{NO}}$ à celle qui a été trouvée ci-dessus, et multipliant par y, il vient

$$\text{TP} = \frac{y(2y + \text{NO})}{2a - 2x - \text{MO}}.$$

Si donc MO et NO étaient connues, on aurait la valeur cherchée de TP; or ces quantités MO, NO sont très-petites, puisqu'elles sont moindres chacune que le côté MN, qui, par hypothèse, est lui-même très-petit. Donc (2) on peut négliger sans erreur sensible ces quantités par comparaison aux quantités $2y$ et $2x - 2a$ auxquelles elles sont ajou-tées. Donc l'équation se réduit à $\text{TP} = \frac{y^2}{a - x}$, ce qu'il fallait trouver.

4. Si ce résultat n'est pas absolument exact, il est au moins évident que dans la pratique il peut passer pour tel, puisque les quantités MO, NO sont extrêmement petites; mais quelqu'un qui n'aurait aucune idée de la doctrine des infinis, serait peut-être fort étonné, si on lui disait que l'équation $\text{TP} = \frac{y^2}{a - x}$, non-seulement approche beaucoup du vrai, mais est réellement de la plus parfaite

exactitude; c'est cependant une chose dont il est aisé de s'assurer en cherchant TP, d'après ce principe que la tangente est perpendiculaire à l'extrémité du rayon; car il est visible que les triangles semblables CPM, MPT donnent CP : MP :: MP :· TP; d'où l'on tire $TP = \dfrac{\overline{MP}^2}{CP} = \dfrac{y^2}{a-x}$ comme ci-dessus.

5. Pour second exemple, supposons qu'il soit question de trouver la surface d'un cercle donné.

Considérons encore cette courbe comme un polygone régulier d'un grand nombre de côtés; l'aire d'un polygone régulier quelconque est égale au produit de son périmètre par la moitié de la perpendiculaire menée du centre sur l'un des côtés; donc le cercle étant considéré comme un polygone d'un grand nombre de côtés, sa surface doit être égale au produit de sa circonférence par la moitié du rayon; proposition qui n'est pas moins exacte que le résultat trouvé ci-dessus.

6. Quelque vagues et peu précises que puissent donc paraître ces deux expressions de *très-grand* et de *très-petit*, ou autres équivalentes, on voit par les deux exemples précédens, que ce n'est pas sans utilité qu'on les emploie dans les combinaisons mathématiques, et que leur usage peut être d'un grand secours pour faciliter la solution des diverses questions qui peuvent être propo-

sées ; car leur notion une fois admise, toutes les courbes pourront aussi bien que le cercle être considérées comme des polygones d'un grand nombre de côtés, toutes les surfaces pourront être partagées en une multitude de bandes où zones, tous les corps en corpuscules, toutes les quantités, en un mot, pourront être décomposées en particules de même espèce qu'elles. De la naissent beaucoup de nouveaux rapports et de nouvelles combinaisons, et l'on peut juger aisément, par les exemples cités plus haut, des ressources que doit fournir au calcul, l'introduction de ces quantités élémentaires.

7. Mais l'avantage qu'elles procurent est bien plus considérable encore qu'on n'avait d'abord eu lieu de l'espérer ; car il suit des exemples rapportés, que ce qui n'avait été regardé en premier lieu que comme une simple méthode d'approximation, conduit au moins en certains cas, à des résultats parfaitement exacts. Il serait donc intéressant de savoir distinguer ceux où cela arrive, d'y ramener les autres autant qu'ils est possible, et de changer ainsi cette méthode d'approximation en un calcul parfaitement exact et rigoureux. Or, tel est l'objet de l'analyse infinitésimale.

8. Voyons donc d'abord comment dans l'équa-

tion $TP' = \dfrac{y(2y + NO)}{2a - 2x - MO}$ trouvée (5), il a pu se

faire qu'en négligeant MO et NO, on n'ait point altéré la justesse du résultat, ou plutôt comment ce résultat est devenu exact par la suppression de ces quantités, et pourquoi il ne l'était pas auparavant.

Or, on peut rendre fort simplement raison de ce qui est arrivé dans la solution du problème traité ci-dessus, en remarquant que l'hypothèse d'où l'on est parti étant fausse, puisqu'il est absolument impossible qu'un cercle puisse être jamais considéré comme un vrai polygone, quel que puisse être le nombre de ces côtés, il a dû résulter de cette hypothèse une erreur quelconque dans l'équation

$$TP = \frac{y(2y + NO)}{2a - 2x - MO},$$

et que le résultat $TP = \dfrac{y^2}{a - x}$ étant néanmoins certainement exact, comme on le prouve par la comparaison des deux triangles CPM, MPT, on a pu négliger MO et NO dans la première équation, et même on a dû le faire pour rectifier le calcul, et détruire l'erreur à laquelle avait donné lieu la fausse hypothèse d'où l'on était parti, Négliger les quantités de cette nature est donc non-seulement permis en pareil cas; mais il le

faut, et c'est la seule manière d'exprimer exactement les conditions du problème.

9. Le résultat exact $TP = \dfrac{y^2}{a - x}$ n'a donc été
obtenu que par une compensation d'erreurs; et
cette compensation peut être rendue plus sensible
encore, en traitant l'exemple rapporté ci-dessus
d'une manière un peu différente, c'est-à-dire, en
considérant le cercle comme une véritable courbe,
et non pas comme un polygone.

Pour cela, par un point R, pris arbitrairement
à une distance quelconque du point M, soit menée
la ligne RS parallèle à MP, et par les points R
et M soit tirée la sécante RT'; nous aurons évidemment T'P : MP :: MZ : RZ, et partant T'P,
ou $TP + T''T = MP \dfrac{MZ}{RZ}$. Cela posé, si nous ima-
ginons que RS se meuve parallèlement à elle-
même en s'approchant continuellement de MP,
il est visible que le point T' s'approchera en
même temps de plus en plus du point T, et qu'on
pourra par conséquent rendre la ligne T''T aussi
petite qu'on voudra, sans que la proportion établie
ci-dessus cesse d'avoir lieu. Si donc je néglige
cette quantité T''T dans l'équation que je viens
de trouver, il en résultera à la vérité une erreur
dans l'équation $TP = MP \dfrac{MZ}{RZ}$ à laquelle la première sera alors réduite; mais cette erreur pourra

être atténuée autant qu'on le voudra, en faisant approcher autant qu'il sera nécessaire RS de MP : c'est-à-dire, que le rapport des deux membres de cette équation différera aussi peu qu'on voudra du rapport d'égalité.

Pareillement nous avons $\dfrac{MZ}{RZ} = \dfrac{2y+RZ}{2a-2x-MZ}$, et cette équation est parfaitement exacte, quelle que soit la position du point R, c'est-à-dire, quelles que soient les valeurs de MZ et de RZ. Mais plus RS approchera de MP, plus ces lignes MZ et RZ seront petites; et partant, si on les néglige dans le second membre de cette équation, l'erreur qui en résultera dans l'équation $\dfrac{MZ}{RZ} = \dfrac{y}{a-x}$ à laquelle elle sera réduite alors, pourra, comme la première, être rendue aussi petite qu'on le jugera à propos.

Cela étant, sans avoir égard à des erreurs que je serai toujours maître d'atténuer autant que je le voudrai, je traite les deux équations

$$TP = MP\,\frac{MZ}{RZ} \quad \text{et} \quad \frac{MZ}{RZ} = \frac{y}{a-x}$$

que je viens de trouver comme si elles étaient parfaitement exactes l'une et l'autre; substituant donc dans la dernière la valeur de $\dfrac{MZ}{RZ}$ tirée de l'autre, j'ai pour résultat $TP = \dfrac{y^2}{a-x}$ comme ci-dessus.

Ce résultat est parfaitement juste, puisqu'il est conforme à celui qu'on a obtenu par la comparaison des triangles CPM, MPT ; et cependant les équations $TP = y \dfrac{MZ}{RZ}$ et $\dfrac{MZ}{RZ} = \dfrac{y}{a-x}$, d'où il a été tiré, sont certainement fausses toutes deux, puisque la distance de RS à MP n'a point été supposée nulle, ni même très petite, mais bien égale à une ligne quelconque arbitraire. Il faut par conséquent de toute nécessité que les erreurs se soient compensées mutuellement, par la comparaison des deux équations erronées.

10. Voilà donc le fait des erreurs compensées bien acquis et bien prouvé ; il s'agit maintenant de l'expliquer, de rechercher le signe auquel on reconnaît que la compensation a lieu dans les calculs semblables au précédent, et les moyens de la produire dans chaque cas particulier.

Or, il suffit pour cela de remarquer que les erreurs commises dans les équations $TP = y \dfrac{MZ}{RZ}$ et $\dfrac{MZ}{RZ} = \dfrac{y}{a-x}$ pouvant être rendues aussi petites qu'on le veut, celle qui aurait lieu, s'il s'en trouvait une dans l'équation résultante $TP = \dfrac{y^2}{a-x}$, pourrait également être rendue aussi petite qu'on le voudrait, et qu'elle dépendrait de la distance arbitraire des lignes MP, RS. Or, cela n'est pas, puis-

que le point M par où doit passer la tangente étant
donné, il ne se trouve aucune des quantités a,
x, y, TP de cette équation qui soit arbitraire ; donc
il ne peut y avoir en effet aucune erreur dans cette
équation.

Il suit de là que la compensation des erreurs
qui se trouvaient dans les équations $\mathrm{TP} = y\,\dfrac{\mathrm{M\,Z}}{\mathrm{RZ}}$
et $\dfrac{\mathrm{MZ}}{\mathrm{RZ}} = \dfrac{y}{a-x}$, se manifeste dans le résultat, par
l'absence des quantités MZ, RZ qui causaient ces
erreurs ; et que par conséquent, après avoir in-
troduit ces quantités dans le calcul pour faciliter
l'expression des conditions du problème, et les
avoir traitées dans les équations qui exprimaient
ces conditions, comme nulles par comparaison aux
quantités proposées, afin de simplifier ces équations, il n'y a qu'à éliminer ces mêmes quantités
des équations où elles peuvent se trouver encore,
pour faire disparaître les erreurs qu'elles avaient
occasionées, et obtenir un résultat qui soit parfaitement exact.

11. L'inventeur a donc pu être conduit à sa
découverte par un raisonnement bien simple : si à
la place d'une quantité proposée, a-t-il pu dire,
j'emploie dans le calcul une autre quantité qui ne
lui soit point égale, il en résultera une erreur quelconque ; mais si la différence des quantités em-

ployées l'une pour l'autre est arbitraire, et que je sois maître de la rendre aussi petite que je voudrai, cette erreur ne sera point dangereuse; je pourrais même commettre à la fois plusieurs erreurs semblables sans qu'il s'ensuivît aucun inconvénient, puisque je demeurerai toujours maître du degré de précision que je voudrai donner à mes résultats. Il y a plus encore; c'est qu'il pourrait arriver que ces erreurs se compensassent mutuellement, et qu'ainsi mes résultats devinssent parfaitement exacts. Mais comment opérer cette compensation et dans tous les cas? C'est ce qu'un peu de réflexion aura pu faire découvrir; en effet, aura pu dire l'inventeur, supposons pour un instant que la compensation desirée ait lieu, et voyons par quel signe elle doit se manifester dans le résultat du calcul. Or, ce qui doit naturellement être arrivé, c'est que les quantités qui occasionaient ces erreurs ayant disparu, les erreurs ont disparu de même; car ces quantités telles que MZ, RZ ayant par hypothèse des valeurs arbitraires, elles ne doivent plus entrer dans ces formules ou résultats qui ne le sont pas, et qui étant devenus exacts par supposition, dépendent uniquement, non de la volonté du calculateur, mais de la nature des choses dont on s'était proposé de trouver la relation exprimée par ces résultats. Donc le signe qui annonce que la compensation desirée a lieu, est l'absence des quantités arbitraires qui produisaient ces erreurs; et partant, il ne s'agit, pour opérer cette compensation, que d'éliminer ces quantités arbitraires.

Tâchons maintenant de donner à ces idées le degré de précision et de généralité qui leur convient.

DÉFINITIONS.

12. Les quantités se distinguent généralement en quantités constantes et quantités variables.

Les quantités qu'on nomme *constantes* ou *déterminées*, sont celles dont les valeurs sont supposées fixes; et celles qu'on nomme *variables* ou *indéterminées*, sont celles auxquelles on est maître, au contraire, d'attribuer successivement diverses valeurs.

Mais il faut observer, que l'expression de quantités variables ne saurait être prise dans un sens absolu, parce qu'une quantité peut être plus ou moins indéterminée, plus ou moins arbitraire; or c'est précisément sur les divers degrés d'indétermination dont la quantité en général est susceptible, que repose toute l'analyse, et plus particulièrement cette branche qu'on nomme *analyse infinitésimale*.

13. Je divise toutes les quantités admises dans

un calcul en trois classes. 1°. Celles qui se trouvent
déterminées et invariables par la nature même de
la question. 2°. Celles qui étant d'abord variables,
prennent ensuite des valeurs déterminées ; par
des conventions ou des hypothèses subséquentes.
3°. Enfin, celles qui doivent rester toujours indéterminées.

De la première de ces trois classes sont ce qu'on
nomme les constantes ou données, telles que les
paramètres dans les courbes. De la seconde sont
les variables ordinaires, telles que les coordonnées
des courbes, les sous-tangentes, les normales, etc.,
auxquelles on attribue telles ou telles valeurs déterminées, lorsqu'on veut en découvrir les propriétés ou relations. De la troisième sont celles qui
étant plus ou moins indépendantes de celles des
deux premières classes, demeurent aussi plus ou
moins arbitraires, jusqu'à ce que le calcul soit
entièrement achevé, et que pour cette raison j'appellerai *quantités toujours variables*.

Mais quoique les quantités de cette troisième
classe demeurent toujours variables, elles ne sont
pas pour cela entièrement arbitraires, et de même
que les simples variables qui composent la seconde
classe sont liées avec les constantes qui composent la première, par des équations ou conditions
quelconques, en vertu desquelles elles ne peuvent
varier que suivant certaines lois ; de même aussi

les *quantités toujours variables* sont liées avec les variables ordinaires et les données, tant par les conditions mêmes de la question, que par les hypothèses sur lesquelles le calcul est établi, de sorte qu'elles ne peuvent varier elles-mêmes que suivant certaines modes.

14. J'appelle *quantité infiniment petite*, toute quantité qui est considérée comme continuellement décroissante, tellement qu'elle puisse être rendue aussi petite qu'on le veut, sans qu'on soit obligé pour cela, de faire varier celles dont on cherche la relation.

Lorsqu'on veut trouver la relation de certaines quantités proposées, les unes constantes, les autres variables, on considère le système général comme parvenu à un état déterminé que l'on regarde comme fixe : puis on compare ce système fixe avec d'autres états du même système, lesquels sont considérés comme se rapprochant continuellement du premier, jusqu'à en différer aussi peu qu'on le veut. Ces autres états du système ne sont donc à proprement parler eux-mêmes, que des systèmes auxiliaires, que l'on fait intervenir pour faciliter la comparaison entre les parties du premier. Les différences des quantités qui se correspondent entre tous ces systèmes peuvent donc être supposées aussi petites qu'on le veut, sans rien changer aux quantités qui composent le premier, et qui sont celles dont on cherche la relation. Ces différences sont donc de la nature des quantités que nous appelons *infiniment petites :* puisqu'elles sont considérées comme continuellement décroissantes, et comme pouvant devenir aussi petites qu'on le veut, sans que pour cela, on soit obligé de rien changer à la valeur de celles dont on cherche la relation.

L'unité divisée par une quantité infiniment petite, est ce qu'on nomme *quantité infinie* ou *infiniment grande.*

On comprend sous le nom de *quantités infinitésimales,* les quantités infinies et celles qui sont infiniment petites.

L'analyse infinitésimale n'est autre chose que l'art d'employer auxiliairement les quantités infinitésimales, pour découvrir les relations qui existent entre des quantités proposées.

15. On voit d'abord qu'en leur qualité de simples auxiliaires, toutes ces quantités dites infinitésimales et leurs fonctions quelconques doivent nécessairement se trouver exclues des résultats du calcul. Car ces résultats ne devant être que l'expression des relations prescrites par les conditions de la question proposée; ne peuvent contenir que les quantités entre lesquelles existent ces re-

lations. Donc les quantités qui n'ont été employées qu'auxiliairement ne doivent plus s'y rencontrer. On ne les avait fait intervenir au commencement du calcul, que pour faciliter l'expression des conditions, mais cet objet une fois rempli, elles ne sauraient demeurer dans les formules, et doivent par conséquent en être nécessairement éliminées. Il est d'ailleurs de leur essence de ne pouvoir être employées qu'auxiliairement, car leur nature étant d'être toujours variables, même lorsqu'on a donné des valeurs déterminées aux quantités dont le résultat du calcul doit exprimer la relation si elles se trouvaient dans ce résultat, elles le feraient varier lorsqu'il doit rester fixe; et en effet, les résultats de cette nouvelle analyse ne peuvent être différens de ceux de l'analyse ordinaire; donc puisque celle-ci n'admet point de quantités infinitésimales, il faut bien que celles qui peuvent être admises dans l'autre finissent toujours par être éliminées.

16. On voit par ce qui précède, que les quantités appelées *infiniment petites* en Mathématiques, ne sont point des quantités actuellement nulles, ni même des quantités actuellement moindres que telles ou telles grandeurs déterminées, mais seulement des quantités auxquelles les conditions de la question proposée et les hypothèses

sur lesquelles le calcul est établi, permettent de
demeurer variables, jusqu'à ce que le calcul soit
entièrement achevé, en décroissant continuellé-
ment, jusqu'à devenir aussi petites qu'on le veut,
sans que l'on soit obligé de changer en même
temps les valeurs de celles dont on veut obtenir
la relation. C'est en cela uniquement que réside
le véritable caractère des quantités auxquelles on
a donné le nom d'*infiniment petites,* et non dans
la ténuité dont leur dénomination semble supposer
qu'elles sont effectivement douées, ni dans la
nullité absolue qu'on pourrait leur attribuer; et
la notion, comme on le voit, en est parfaitement
simple, et dégagée de toute idée vague ou
contentieuse.

17. Pour éviter les circonlocutions, je com-
prendrai dans la suite sous le nom de *quantités
désignées,* toutes celles qui composent les deux
premières classes dont nous avons parlé (13),
c'est-à-dire toutes celles qui font le sujet de l'a-
nalyse ordinaire, et dont on veut obtenir la relation,
ou qui peuvent entrer dans le résultat du calcul.
J'appellerai, au contraire, *quantités non désignées ,* toutes celles qui composent la troisième
classe, c'est-à-dire celles qui demeurent toujours
variables , et sont par conséquent plus ou moins
indépendantes de celles qui composent les deux

premières classes. Ainsi c'est parmi les quantités
non désignées que l'on doit compter les quantités
infinitésimales ; et d'après les définitions données
ci-dessus , il est aisé de voir que les quantités infiniment petites ne sont autre chose que des quantités non désignées , qui sont considérées comme
décroissant graduellement et simultanément, jusqu'à devenir aussi petites qu'on le veut.

18. Appliquons tout ce qui vient d'être dit ,
à l'exemple déjà traité.

Le rayon MC étant donné (*fig.* 1), se trouve
être une quantité déterminée , dès le commencement par la nature même de la question; ainsi
elle est *désignée*, et de la première classe de celles
dont nous avons parlé (13).

Les lignes DP , MP , TP , MT , sont d'abord variables et ne deviennent déterminées, que par l'hypothèse subséquente , que la tangente doit passer
par le point M; mais cette supposition une fois
faite, toutes ces quantités doivent être considérées
comme fixes jusqu'à la fin du calcul : ainsi elles
sont aussi des quantités désignées, et de la seconde classe de celles dont nous avons parlé (13),
ces mêmes quantités qui sont les coordonnées, la
tangente et la sous-tangente de la courbe au point
M, composent donc avec la constante MC, et celles
qui en sont des fonctions quelconques , le sys-

tème général des quantités désignées, c'est-à-dire, celles dont on cherche la relation, et qui peuvent seules entrer dans le résultat du calcul, ou faire le sujet de l'algèbre ordinaire.

Au contraire, les lignes DQ, NQ, TQ, T'Q, MZ, RZ, etc. sont celles que nous avons appelées *quantités non désignées*, et qui forment la troisième classe dont nous avons parlé (13), parce qu'elles demeurent toujours variables : car comme nous restons toujours maîtres de faire MZ et RZ aussi petites que nous le voulons, sans changer la valeur des quantités désignées dont nous avons parlé ci-dessus ; ces quantités MZ, RZ, sont de celles que nous nommons *infiniment petites*, et les autres DQ, NQ, TQ, T'P, T'Q, qui sont évidemment fonctions de ces quantités infiniment petites, demeurent également toujours variables, et par conséquent sont de celles que nous nommons *quantités non désignées*.

19. Deux quantités quelconques sont dites *infiniment peu différentes*, l'une de l'autre, lorsque le quotient de l'une par l'autre ne diffère de l'unité que par une quantité infiniment petite.

On dit qu'une quantité est *infiniment petite relativement* à une autre quantité, lorsque le quotient de la première par la seconde est une quantité infiniment petite : et réciproquement alors la se-

conde est dite infinie ou infiniment grande relativement à la première.

On voit par là, qu'une quantité, même infiniment petite, peut se trouver infiniment grande *relativement* à telle autre quantité; et que réciproquement une quantité, même infiniment grande,
peut se trouver infiniment petite *relativement* à
telle autre. Car si l'on suppose que x, par exemple,
soit une quantité infiniment petite, x^2 sera une
quantité infiniment petite relativement à la première, quoique cette première soit infiniment petite elle-même, puisque le rapport de la seconde
à la première est x, qui par hypothèse est une
quantité infiniment petite.

Pareillement, si X représente une quantité infiniment grande, elle n'en sera pas moins infiniment petite relativement à X^2, puisque le quotient
de celle-ci par la première sera X, qui par hypothèse est une quantité infinie.

20. Cette observation donne lieu de distinguer les quantités infinitésimales en différens
ordres. Si x, par exemple, est prise pour représenter une quantité infiniment petite du premier
ordre, x^2 sera une quantité infiniment petite du
second ordre, x^3 une quantité infiniment petite
du troisième ordre : ainsi de suite.

Pareillement, si X est prise pour représenter

une quantité infiniment grande du premier ordre, X^2 ser aune quantité infiniment grande du second ordre, X^3 une quantité infiniment grande du troisième ordre : ainsi de suite.

Deux quantités de quelque ordre qu'elles soient, sont dites du même ordre, lorsque leur rapport est une quantité finie.

Toutes les fois que de deux quantités quelconques ajoutées ensemble, ou soustraites l'une de l'autre, l'une se trouvera infiniment petite relativement à l'autre, celle-ci se nommera *quantité principale*, et l'autre *quantité accessoire*. Ainsi, par exemple, dans la somme $X+x$, des quantités dont on vient de parler, X est la quantité principale, et x la quantité accessoire; et dans la somme $x+x^2$, x est la quantité principale et x^2 est la quantité accessoire.

21. Comme il est important que les diverses notions données ci-dessus deviennent familières, nous entrerons encore dans quelques détails à ce sujet.

L'objet de tout calcul se réduit à trouver les relations qui existent entre certaines quantités proposées ; mais la difficulté de trouver immédiatement ces relations, oblige souvent de recourir à l'entremise de quelques autres quantités qui ne font point partie du système proposé, mais qui par leur liaison avec les premières, peuvent servir comme d'intermédiaires entre elles. On commence donc par exprimer les relations qu'elles ont toutes ensemble ; après quoi on élimine du calcul, celles qui n'y sont entrées que comme auxiliaires, afin d'obtenir entre les quantités proposées seules, les relations immédiates qu'on voulait découvrir.

Lorsque parmi ces quantités auxiliaires, il s'en trouve d'une nature telle, qu'on soit maître de les rendre toutes à la fois aussi petites qu'on le veut, sans faire varier en même temps les quantités proposées ; cette circonstance donne lieu à des simplifications accidentelles très importantes, et ce sont précisément ces simplifications qui ont fait naître cette branche de calcul qu'on nomme *analyse infinitésimale ;* laquelle n'est autre choses, que l'art de faire choix de semblables auxiliaires, les plus convenables suivant les différens cas, de s'en servir de la manière la plus avantageuse, pour exprimer les conditions des diverses questions, et pour opérer ensuite l'élimination de ces mêmes quantités, afin qu'il ne reste plus dans les formules, que les seules quantités dont on voulait connaître les rapports.

22. Cela posé, concevons un système quelconque de quantités, les unes constantes, les

autres variables, et qu'il s'agisse de trouver les rapports ou relations quelconques qui existent entre elles.

Pour établir nos raisonnemens, commençons par considérer le système général dans un état quelconque déterminé que nous regarderons comme fixe. Examinons les relations qui existent entre les diverses quantités de ce système fixe; ce sont ces quantités et celles qui en dépendent exclusivement que nous appelons *quantités désignées* (17).

Considérons maintenant le système proposé dans un nouvel état quelconque différent du premier, et puisque chacune des quantités qui le composent, n'est qu'une quantité auxiliaire, attendu que ce nouvel état n'est imaginé que pour trouver plus facilement les relations des quantités qui composent le premier, nommons ce nouvel état du système, *système auxiliaire*.

Concevons enfin que ce système auxiliaire s'approche graduellement du système fixe, de sorte que toutes les quantités auxiliaires qui composent le premier, s'approchent simultanément des quantités désignées qui leur correspondent dans le système fixe; tellement qu'on soit maître de supposer leurs différences respectives toutes en même temps aussi petites qu'on le veut; ces différences respectives seront ce que nous avons appelé *quantités infiniment petites* (14).

Comme les quantités de ce second système sont purement auxiliaires, elles ne peuvent entrer dans le résultat du calcul, puisque ce résultat n'est que l'expression des relations qui existent entre celles qui composent le premier; d'où il suit que les quantités infiniment petites dont nous venons de parler et toutes leurs fonctions, doivent nécessairement se trouver exclues de ce même résultat.

23. Maintenant je me demande ce qui serait arrivé, si dans le cours du calcul on eût rencontré une quantité constante, et une de ces quantités infiniment petites ajoutées ensemble; et qu'en considérant que cette dernière peut être supposée aussi petite qu'on le veut, tandis que l'autre ne change pas, on l'ait négligée pour simplifier le calcul, comme de nulle importance vis-à-vis de la première.

La conclusion naturelle serait sans doute, que l'erreur occasionée ainsi, pourrait toujours être rendue aussi petite qu'on le voudrait, en diminuant de plus en plus la valeur arbitraire de la quantité négligée.

Mais pour cela, il faut que cette valeur arbitraire elle-même ou quelques-unes de ses fonctions entrent dans le résultat de ce calcul : autrement elle n'aurait sur lui aucune influence, et ne pourrait par conséquent, servir à le rectifier par sa diminution successive.

Donc si elle ne s'y rencontre pas, c'est une preuve que l'erreur se sera rectifiée d'elle-même; car d'après la marche du calcul, si elle subsistait encore, elle ne pourrait être qu'infiniment petite; or elle ne peut être telle, puisqu'il n'y a point de quantité infiniment petite dans le résultat : donc l'erreur commise dans le cours du calcul a dû disparaître d'une manière quelconque, et c'est ce que les propositions suivantes démontreront rigoureusement.

PRINCIPE FONDAMENTAL.

24. *Deux quantités non arbitraires ne peuvent différer entre elles que d'une quantité non arbitraire.*

Démonstration. Puisque les deux quantités proposées ne sont point arbitraires, on ne peut rien changer ni à l'une ni à l'autre; donc on ne peut rien changer non plus à leur différence: donc cette différence n'est point arbitraire. *Ce qu'il fallait démontrer.*

COROLLAIRE PREMIER.

25. *Deux quantités non arbitraires sont rigoureusement égales entre elles, du moment que leur différence prétendue peut être supposée aussi petite qu'on le veut.*

En effet, soient P et Q, les deux quantités non arbitraires proposées; nous venons de voir, que leur différence ne saurait être arbitraire : elle ne peut donc pas être supposée aussi petite qu'on le veut, ce qui est contre l'hypothèse. Donc cette prétendue différence n'existe pas. Donc les deux quantités proposées P, Q, sont rigoureusement égales.

COROLLAIRE II.

26. *Pour être certain que deux quantités désignées sont rigoureusement égales, il suffit de prouver que leur différence, s'il y en avait une, ne saurait être une quantité désignée.*

En effet, des quantités désignées sont des quantités non arbitraires; donc leur différence ne saurait être arbitraire : donc cette différence est nécessairement une quantité désignée; donc pour prouver que cette différence n'existe pas, et que par conséquent les quantités sont égales, il suffit de prouver que si elle existait, elle ne saurait être une quantité désignée.

COROLLAIRE III.

27. *Toute valeur qu'on peut rendre aussi approximative qu'on le veut de la véritable quantité qu'elle représente, sans qu'il soit besoin pour cela de rien changer ni à l'une ni à l'autre, est nécessairement et rigoureusement exacte.*

En effet, dès qu'il n'est besoin de rien changer ni à la quantité proposée ni à sa valeur, pour rendre celle-ci aussi approximative qu'on veut de la première, c'est-à-dire pour qu'elles diffèrent l'une de l'autre aussi peu qu'on veut, on peut les regarder l'une et l'autre comme fixes, et par conséquent comme non arbitraires. Donc elles se trouvent dans le cas du corollaire ii. Donc elles sont nécessairement et rigoureusement égales.

COROLLAIRE IV.

28. *Toute quantité qu'on est maître de supposer aussi petite qu'on le veut, peut être négligée comme absolument nulle, en comparaison de toute autre quantité qui ne peut être comme la première, supposée aussi petite qu'on le veut, sans que les erreurs qui peuvent naître ainsi dans le cours du calcul puissent en affecter le résultat, du moment que toutes les quantités arbitraires en seront éliminées.*

En effet, en négligeant comme absolument nulles, les quantités qui peuvent être supposées aussi petites qu'on veut, lorsqu'elles se trouvent ajoutées à d'autres qui ne peuvent de même être supposées aussi petites qu'on veut, ou qu'elles s'en trouvent retranchées, il est évident que les erreurs qui pourront en naître dans le cours du calcul ou en affecter le résultat, pourront être pareillement supposées aussi petites qu'on le voudra; donc il restera dans ce résultat quelque chose d'arbitraire, ce qui est contre l'hypothèse, puisque toutes les quantités arbitraires sont supposées entièrement éliminées.

COROLLAIRE V.

29. *Toute quantité dont le rapport avec une autre quantité peut être supposé aussi petit que l'on veut, peut être négligée comme absolument nulle en comparaison de cette dernière, sans que les erreurs auxquelles cela peut donner lieu dans le cours du calcul, puissent en affecter les résultats, du moment que toutes les quantités arbitraires en sont éliminées.*

Ce corollaire n'est qu'une extension du précédent. Dans le corollaire IV, il était supposé que les quantités en comparaison desquelles on peut négliger les autres, ne peuvent elles-mêmes être supposées aussi petites qu'on le veut; mais

dans le corollaire v, on suppose que les unes
aussi bien que les autres puissent être rendues
aussi petites qu'on le veut, mais que le rapport
des unes aux autres est susceptible aussi d'être
supposé aussi petit qu'on le veut; dès-lors, de
quelque nature que soient les unes et les autres
de ces quantités, je dis qu'on peut négliger vis-à-
vis des autres, celles dont le rapport à ces dernières peut être supposé aussi petit qu'on le veut:
et la démonstration est la même que pour le corollaire iv; car il est évident que s'il naissait
quelques erreurs de ces suppressions, on serait
toujours maître de les atténuer autant qu'on le
voudrait, soit dans le cours du calcul, soit dans
son résultat : mais cela ne peut avoir lieu quant
à celui-ci, puisque alors il faudrait qu'il y entrât
quelque chose d'arbitraire, ce qui est contre l'hypothèse, attendu que toutes les quantités arbitraires sont supposées être éliminées.

30. Les propositions précédentes renferment
toute la théorie de l'analyse infinitésimale : car
ce sont précisément ces quantités qui, d'après les
hypothèses sur lesquelles le calcul est établi,
peuvent être rendues aussi petites qu'on le veut,
tandis que les autres quantités du système général
ne le peuvent pas, que nous avons nommées
infiniment petites, et qui peuvent par consé-

quent. être négligées dans le cours du calcul, comme on l'a vu ci-dessus, sans que le résultat puisse en être affecté.

Leibnitz qui, le premier, donna les règles du calcul infinitésimal, l'établit sur ce principe : qu'on peut prendre à volonté l'une pour l'autre, deux grandeurs finies qui ne diffèrent entre elles que d'une quantité infiniment petite. Ce principe avait l'avantage d'une extrême simplicité et d'une application très facile. Il fut adopté comme une espèce d'axiome, et l'on se contenta de regarder ces quantités infiniment petites comme des quantités moindres que toutes celles qui peuvent être appréciées ou saisies par l'imagination. Bientôt ce principe opéra des prodiges entre les mains de Leibnitz lui-même, des frères Bernouilli, de L'Hôpital, etc. Cependant il ne fut point à l'abri des objections : on reprocha à Leibnitz, 1° d'employer l'expression de quantités infiniment petites, sans l'avoir préalablement définie; 2° de laisser douter en quelque sorte, s'il regardait son calcul comme absolument rigoureux, ou comme une simple méthode d'approximation.

L'illustre auteur et les hommes célèbres qui avaient adopté son idée, se contentèrent de faire voir par la solution des problèmes les plus difficiles, la fécondité du principe, l'accord constant de son résultat avec ceux de l'analyse ordinaire,

3..

et l'ascendant qu'il donnait aux nouveaux calculs.
Ces succès multipliés prouvaient victorieusement
que toutes objections n'étaient que spécieuses ;
mais ces savans n'y répondirent point d'une ma--
nière directe, et le nœud de la difficulté resta.
Il est des vérités dont tous les esprits justes sont
frappés d'abord, et dont cependant la démonstration rigoureuse échappe long-temps aux plus
habiles.

« M. Leibnitz, dit d'Alembert, embarrassé des
» objections qu'il sentait que l'on pouvait faire
» sur les quantités infiniment petites, telles que
» les considère le calcul différentiel, a mieux
» aimé réduire ses infiniment petits à n'être que
» des incomparables; ce qui ruinerait l'exactitude
» géométrique des calculs. »

Mais si Leibnitz s'est trompé, ce serait uniquement en formant des doutes sur l'exactitude de
sa propre analyse, si tant est qu'il eût réellement
ces doutes, ce qui ne paraît nullement probable ;
et il pouvait répondre :

1°. Vous me demandez ce que signifie l'expression de quantités infinitésimales : je vous déclare
que je n'entends point par là des êtres méta-
physiques et abstraits, comme cette expression
abrégée semble l'indiquer, mais des quantités
réelles, arbitraires, susceptibles de devenir aussi

petites que je veux, sans que je sois obligé pour
cela, de faire varier en même temps, les quantités
dont je m'étais proposé de trouver la relation.

 2°. Vous me demandez si mon calcul est parfaitement exact et rigoureux; j'affirme que oui,
du moment que je suis parvenu à en éliminer
les quantités infinitésimales dont je viens de
parler, et que je l'ai ramené à ne plus renfermer
que des quantités algébriques ordinaires. Jusque
là je ne regarde mon calcul que comme une
simple méthode d'approximation. Ceux qui pour
concilier la rigueur du calcul, dans tous le cours
des opérations, avec la simplicité de mon algorithme, ont imaginé de considérer les quantités
infiniment petites comme absolument nulles, ne
se dispensent point de l'élimination dont je viens
de parler ; et sans contester la justesse de leur
métaphysique, j'observe qu'ils ne gagnent rien
sur moi relativement à la simplicité des procédés,
qui sont toujours les mêmes, et qu'ils rencontrent
une autre difficulté : c'est que tous les termes
de leurs équations s'évanouissent en même temps ;
de sorte qu'ils n'ont plus que des zéros à calculer,
et les rapports indéterminés de o à o à combiner.
Ne vaudrait-il pas autant mes quantités infinitésimales telles que je les avais d'abord proposées, c'est-à-dire, considérées comme moindres
que toute grandeur imaginable ? De purs zéros

sont-ils plus faciles à concevoir ? En regardant
mes quantités inappréciables comme chimériques,
ne pourraient-elles pas aussi bien que ces zéros
purs, être comparées l'une à l'autre ? Conce-
vez-vous mieux ce qu'est une quantité imaginaire,
telle $a \sqrt{-1}$, qu'une quantité inappréciable ?
Et cependant, hésitez-vous à dire que le rapport
de $a \sqrt{-1}$, à $b \sqrt{-1}$ est $\frac{a}{b}$? Les Mathématiques
ne sont-elles pas remplies de pareilles énigmes ?
et ces énigmes ne sont-elles pas ce qui distingue
essentiellement l'analyse de la synthèse, et même
ce qui fournit à la première ces ressources pré-
cieuses dont manque la seconde ? Si je vous
demande ce que signifie une équation dans laquelle
il entre des expressions imaginaires, comme dans
le cas irréductible du troisième degré; vous me
repondez que cette équation ne peut servir à
connaître les véritables valeurs de l'inconnue,
que quand, par des transformations quelconques,
on est parvenu à en éliminer les quantités imaginaires : je vous réponds la même chose pour mes
quantités inappréciables; je ne les emploie que
comme auxiliaires; je conviens que mon calcul
n'est rigoureusement exact que lorsque je suis parvenu à les éliminer toutes : jusqu'alors il n'est point
achevé, et n'est pas susceptible d'application. Le
vôtre l'est-il davantage avant que vous ne l'ayez

purgé de tous vos zéros ? Au surplus dans ma
nouvelle manière d'envisager la question, c'est-
à-dire, en considérant mes quantités auxiliaires ,
non comme infiniment petites absolues , mais
seulement comme indéfiniment petites , je mets
mon analyse à l'abri de toute chicane , j'en fais
une méthode , non d'approximation , mais de
compensation , c'est-à-dire , une méthode qui
réunit la facilité d'un simple calcul d'approximation , à l'exactitude des méthodes les plus
rigoureuses , et je démontre qu'elle n'est autre
chose que la méthode même d'exhaustion réduite
en algorithme. Je sais qu'on peut y suppléer par
la méthode d'exhaustion elle-même , par celle
des limites , ou même par la seule algèbre ordinaire ; mais il faut savoir si ces autres méthodes
réunissent au même degré que la mienne, la
simplicité à la fécondité. Je m'en rapporte sur
cela aux illustres géomètres qui proposent bien
d'autres méthodes en théorie , mais qui dans la
pratique se servent de la mienne.

31. Mais s'il est bon d'écarter les vaines sub-
tilités qui seraient plus propres à entraver la
marche des sciences qu'à leur donner une meil-
leure base ; il n'en faut pas moins établir soli-
dement et directement les principes sur lesquels
on s'appuie, et les procédés que l'on emploie :

Car la première condition à remplir en Mathématiques, est d'être exact; la seconde est d'être clair et simple autant que possible.

Il y a des personnes, par exemple, qui croient avoir suffisamment établi le principe de l'analyse infinitésimale, lorsqu'elles ont fait ce raisonnement : il est évident, disent-elles, et avoué de tout le monde, que les erreurs auxquelles les procédés de l'analyse infinitésimale donneraient lieu, s'il y en avait, pourraient toujours être supposées aussi petites qu'on le voudrait. Il est évident encore, que toute erreur qu'on est maître de supposer aussi petite qu'on le veut, est nulle : car puisqu'on peut la supposer aussi petite qu'on le veut, on peut la supposer o; donc les résultats de l'analyse infinitésimale sont rigoureusement exacts.

Ce raisonnement plausible au premier aspect, n'est cependant rien moins que juste; car il est faux de dire, que parce qu'on est maître de rendre une erreur aussi petite qu'on le veut, on puisse pour cela la rendre absolument nulle. Par exemple (fig. 1), l'équation $\frac{MZ}{RZ}=\frac{y}{a-x}$ trouvée (9) est une équation toujours fausse, quoiqu'on puisse en rendre l'erreur aussi petite qu'on le veut, en diminuant de plus en plus les quantités MZ, RZ; car pour que cette erreur disparût entièrement, il faudrait réduire ces quantités MZ, RZ au o absolu; mais alors l'équation se réduirait à $\frac{o}{o} = \frac{\gamma}{a-x}$, équation qu'on ne peut pas dire précisément fausse, mais qui est insignifiante, puisque $\frac{o}{o}$ est une quantité indéterminée. On se trouve donc dans l'alternative nécessaire, ou de commettre une erreur, quelque petite qu'on veuille la supposer, ou de tomber sur une formule qui n'apprend rien; et tel est précisément le nœud de la difficulté, dans l'analyse infinitésimale.

32. D'autres personnes se bornent à regarder les quantités appelées *infiniment petites*, comme des *incomparables*, dans le sens qu'un grain de sable, par exemple, est incomparable par sa petitesse avec le globe entier de la terre; car alors, disent-elles, les erreurs commises sont inappréciables et doivent conséquemment être entièrement négligées dans le résultat du calcul.

Mais l'analyse infinitésimale envisagée de cette manière, ne serait plus qu'une méthode d'approximation; tandis qu'on sait parfaitement qu'elle est absolument rigoureuse.

Cette comparaison du grain de sable au globe de la terre, peut être utile cependant, pour faciliter l'expression des conditions du problème, en indiquant ce qui peut être négligé. Mais dans les équations finales, l'erreur même du grain de sable ne doit plus subsister. Elle a dû disparaître, par cela même qu'elle a été commise, non pas une fois seulement dans le cours du calcul, mais plusieurs fois, dans des sens opposés, de sorte qu'il s'est opéré une compensation nécessaire, qui se trouve indiquée d'une manière certaine, dans ces équations finales, par l'élimination de toutes les quantités arbitraires.

33. Je crois avoir suffisamment démontré l'exactitude des principes de l'analyse infinitésimale leibnitzienne, mais pour en rendre l'application plus facile, je crois devoir les présenter encore sous un jour un peu différent.

J'appelle *équation imparfaite*, toute équation dont l'exactitude rigoureuse n'est pas démontrée, mais dont on sait cependant que l'erreur, s'il en existe une, peut être supposée aussi petite qu'on le veut; c'est-à-dire, telle, que pour rendre cette équation parfaitement exacte, il suffit de substituer aux quantités qui y entrent, ou seulement à quelques-unes d'entre elles, d'autres quantités qui en diffèrent infiniment peu.

D'après cette définition, il est clair qu'on peut faire subir aux équations imparfaites diverses transformations, sans leur ôter le caractère d'équations imparfaites ; comme, par exemple, de transposer les termes d'un membre dans l'autre ; de multiplier ou diviser ces deux membres par des quantités égales, de les élever aux mêmes puissances, ou d'en tirer les mêmes racines.

Bien plus, on peut au lieu des quantités quelconques qui y entrent, en substituer d'autres qui en diffèrent infiniment peu, négliger les quantités infiniment petites relativement aux quantités finies, et plus généralement les quantités accessoires vis-à-vis des quantités principales ; sans que ces équations perdent jamais pour cela leur caractère primitif d'équations au moins imparfaites, et qui peuvent enfin se trouver exactes par compensation d'erreurs.

Mais ce qu'il est important de remarquer, c'est que ces erreurs accumulées, au lieu d'éloigner de plus en plus du but, qui est de ramener ces équations imparfaites à l'exactitude absolue, comme il semble d'abord que cela doit arriver, servent au contraire à y conduire par le chemin le plus court, et le plus simple, parce qu'en écartant ainsi successivement ces accessoires incommodes, avec la seule attention de ne jamais dépouiller les équations dont il s'agit de leur caractère principal, on parvient enfin à les dégager absolument de toute considération de l'infini, par

l'élimination complète de tout ce qui s'y trouvait
d'arbitraire; et qu'il n'y reste plus que les quantités
dont on voulait obtenir la relation. Cela posé,
toute la théorie de l'infini peut être regardée comme
renfermée dans le théorème suivant.

THÉORÈME.

34. *Pour être certain qu'une équation est
nécessairement et rigoureusement exacte, il
suffit de s'assurer :*

1°. *Qu'elle a été déduite d'équations vraies
ou du moins imparfaites, par des transformations qui ne leur ont point ôté le caractère d'é-
quations au moins imparfaites.*

2°. *Qu'elle ne renferme plus aucune quantité
infinitésimale, c'est-à-dire, aucune quantité
autre que celles dont on s'est proposé de trouver
la relation.*

Dém. Puisque par hypothèse, les transformations qu'on a pu faire subir aux équations d'où
l'on est parti, ne leur ont point ôté le caractère
d'équations au moins imparfaites; ces équations
ne peuvent se trouver affectées que d'erreurs susceptibles d'être rendues aussi petites qu'on le
veut.

Mais d'un autre côté, ces équations ne peuvent
plus être de celles que j'ai nommées *imparfaites;*
car celles-ci ne peuvent exister qu'entre quantités

qui contiennent quelque chose d'arbitraire ; puisque par leur définition même, l'erreur peut en être supposée aussi petite qu'on le veut. Or par hypothèse, toutes les quantités arbitraires sont éliminées, puisqu'il ne reste plus que celles dont on s'est proposé de trouver la relation.

Donc les nouvelles équations ne peuvent être ni absolument fausses, c'est-à-dire, affectées d'erreurs qui ne puissent être rendues aussi petites qu'on le veut; ni de celles que j'ai nommées *imparfaites*. Donc elles sont nécessairement et rigoureusement exactes. *Ce qu'il fallait démontrer.*

COROLLAIRE PREMIER.

35. Que les équations dont il s'agit, soient exprimées par des symboles algébriques, ou qu'elles soient suppléées par des propositions exprimées en langage ordinaire; la démonstration précédente a toujours lieu. Donc si pour arriver à la solution d'une question quelconque, on établit ses raisonnemens sur des propositions telles que les erreurs qui pourraient en résulter, soient aussi petites qu'on le veut, et qu'enfin de conséquences en conséquences semblables, on parvienne à des propositions qui soient dégagées de toute considération de l'infini, et par conséquent de toute quantité arbitraire; ces dernières propositions seront nécessairement et rigoureusement exactes.

COROLLAIRE II.

36. Il suit du théorème et du corollaire précédens, que l'analyse infinitésimale se réduit à trois
points, qui strictement observés, ne peuvent jamais conduire qu'à des résultats parfaitement
exacts, et par les moyens les plus simples que l'on
connaisse, savoir :

1°. Exprimer les conditions de la question proposée, soit par des équations exactes, soit au moins
par des équations imparfaites, ou par des propositions équivalentes.

2°. Transformer ces équations ou propositions
de diverses manières, sans jamais leur faire perdre
leur caractère primitif d'équations au moins imparfaites.

3°. Diriger ces transformations, pour l'élimination complète des quantités infinitésimales et des
fonctions quelconques de ces mêmes quantités,
de manière à en dégager entièrement les résultats
du calcul.

37. En terminant cet exposé de la doctrine
des compensations, je crois pouvoir m'honorer
de l'opinion qu'en avait prise le grand homme
dont le monde savant déplore la perte récente,
Lagrange ! Voici comment il s'exprime à ce sujet
dans la dernière édition de sa Théorie des Fonctions analytiques.

« Il me semble que comme dans le calcul dif-
» férentiel tel qu'on l'emploie, on considère et on
» calcule en effet les quantités infiniment petites
» ou supposées infiniment petites elles-mêmes,
» la véritable métaphysique de ce calcul consiste,
» en ce que l'erreur résultant de cette fausse sup-
» position, est redressée ou compensée par celle
» qui naît des procédés mêmes du calcul, suivant
» lesquels on ne retient dans la différentiation que
» les quantités infiniment petites du même ordre.
» Par exemple, en regardant une courbe comme
» un polygone d'un nombre infini de côtés, chacun
» infiniment petit, et dont le prolongement est
» la tangente de la courbe, il est clair qu'on fait
» une supposition erronée; mais l'erreur se trouve
» corrigée dans le calcul par l'omission qu'on y
» fait des quantités infiniment petites. C'est ce
» qu'on peut faire voir aisément dans des exem-
» ples, mais ce dont il serait, peut-être, difficile
» de donner une démonstration générale.»

Voilà toute ma théorie résumée avec plus de
clarté et de précision que je ne pourrais en mettre
moi-même. Qu'il soit difficile ou non, d'en donner
une démonstration générale, la vraie métaphysique de l'analyse infinitésimale, telle qu'on l'emploie, et telle que tous les géomètres conviennent
qu'il faut l'employer pour la facilité des calculs,
n'en est pas moins, suivant l'illustre auteur même

que je viens de citer, le principe des compensations d'erreurs ; et je crois au surplus qu'il
ne manque rien ni à l'exactitude, ni à la
généralité de la démonstration que j'ai donnée.

38. Ce qui précède ne renferme encore que
les principes généraux de l'analyse infinitésimale,
et nous allons les appliquer à quelques exemples
particuliers, avant de faire voir comment ces
principes généraux ont été réduits en algorithme
par Leibnitz, ce qui leur a imprimé le caractère
d'un calcul régulier. Ainsi ce que nous avons dit
n'appartient encore qu'à la synthèse et à l'analyse ordinaire, mais cette nouvelle synthèse est
déjà par elle-même très importante et très
lumineuse; et si les anciens l'eussent possédée,
au lieu de la méthode d'exhaustion qu'elle supplée, ils eussent grandement simplifié leurs travaux, et ils eussent probablement poussé leurs
découvertes beaucoup plus loin qu'ils ne l'ont fait:
car ils employaient leurs forces à vaincre les difficultés, qui se trouvent surmontées tout de suite,
par la seule notion de l'infini.

Quant à l'usage que l'analyse algébrique ordinaire peut faire de la même notion, abstraction
faite de l'algorithme qui lui est propre, si l'on veut
savoir le parti qu'il est possible d'en tirer, il n'y
a qu'à lire l'*Introduction à l'Analyse des Infinis*

d'Euler, et l'on sera étonné de la puissance d'un pareil instrument, dans une main habile.

39. *Mener une tangente à la cycloïde ordinaire.*

Soit (*fig.* 2) AEB une cycloïde ordinaire, dont le cercle générateur soit EpqF. La propriété principale de cette cycloïde est que pour un point quelconque m, la portion mp de l'ordonnée, comprise entre la courbe et la circonférence génératrice, est égale à l'arc Ep de cette circonférence.

Cela posé, menons au point p de cette même circonférence une tangente pT, et proposons-nous de trouver le point T où cette tangente sera rencontrée par celle mT de la cycloïde.

Pour cela, je mène une nouvelle ordonnée nq infiniment proche de la première mp, et par le point m je mène mr parallèle au petit arc pq, que je considère ainsi que mn, comme une ligne droite.

Il est clair alors que les deux triangles mnr, Tmp, seront semblables, et que par conséquent nous aurons : $mr : nr :: $ T$p : mp$. Mais puisque par la propriété de la cycloïde on a E$q = nq$ et E$p = mp$, on aura en retranchant la seconde de ces équations de la première, E$q —$ E$p = nq — mp$ ou $pq = nr$, ou $mr = nr$. Donc à cause de la proportion trouvée ci-dessus, on aura $Tp = mp$ ou $Tp = Ep$, c'est-à-dire que la sous-tangente Tp est toujours égale à l'arc correspondant Ep. Or comme cette proposition est dégagée de toute considération de l'infini, elle est nécessairement et rigoureusement exacte.

PROBLÈME II.

40. *Prouver que deux pyramides de mêmes bases et de même hauteur sont égales en volume.*

Concevons les deux pyramides proposées, partagées en un même nombre de tranches infiniment minces parallèlement à leurs bases, et d'épaisseurs respectivement égales. Comparons deux des tranches correspondantes, prises l'une dans la première et l'autre dans la seconde de ces pyramides. Or je dis d'abord que ces deux tranches ne peuvent différer qu'infiniment peu l'une de l'autre.

En effet, chacune de ces tranches est elle-même une pyramide tronquée, et si de tous les angles de la plus petite de ces deux bases on conçoit des parallèles qui aillent rencontrer la plus grande, il est clair que le tronc de pyramide se trouvera décomposé en deux parties, l'une prismatique, comprise entre ces parallèles, ayant pour épaisseur la distance des deux bases du tronc, et pour base, la plus petite des deux de ce même tronc ;

l'autre en forme d'onglet, ayant aussi pour épaisseur la distance des deux bases du tronc, et pour
base la différence entre la plus grande et la plus
petite de ce même tronc. Mais ces deux dernières
bases pouvant se rapprocher l'une de l'autre autant
qu'on le veut, leur différence peut évidemment
être rendue aussi petite qu'on le veut relativement
à chacune d'elles. Donc l'onglet est lui-même infiniment petit relativement à la tranche à laquelle il
appartient.

Cela posé, nommons T et T' les volumes des
deux tranches correspondantes dans les deux pyramides, p et p', les portions prismatiques, q et q',
les onglets : nous aurons les deux équations exactes

$$T = p + q, T' = p' + q'; \text{ ou } p = T - q, p' = T' - q';$$

mais p et p' sont des prismes de mêmes bases et
de même hauteur ; donc on a $p = p'$; égalant donc
leurs valeurs on aura, $T + q = T' + q'$; négligeant
q et q' que nous venons de voir être infiniment
petites relativement à T et T', on aura $T = T'$.

Comme cette équation n'est pas dégagée de l'infini, nous ne pouvons encore savoir si elle est
exacte ou seulement imparfaite ; mais comme on
peut appliquer à toutes les tranches qui composent les pyramides entières, ce que nous venons
de dire de deux d'entre elles, il suit qu'en nommant P et P' les volumes entiers des deux pyra-

mides, on aura $P = P'$; or ces deux volumes des pyramides entières sont des quantités fixes. Donc l'équation $P=P'$ est entièrement dégagée de toute considération de l'infini. Donc elle est nécessaire-ment et rigoureusement exacte.

AUTRE DÉMONSTRATION.

41. Il est évident que chacune des tranches dont nous avons parlé peut être imaginée com-prise entre deux prismes de même hauteur qu'elle, dont l'un aurait pour base la plus grande des deux bases de la tranche, et l'autre la plus petite. La tranche est donc moindre que le plus grand de ces deux prismes, et plus grande que l'autre. Donc la somme des tranches qui composent chaque py-ramide entière est moindre que la somme des prismes circonscrits aux tranches, et plus grande que la somme des prismes inscrits. Mais il est clair que la différence de chaque prisme circonscrit au prisme inscrit de la même tranche, est le pro-duit de la différence des deux bases par la hauteur de la tranche. Donc la somme des prismes cir-conscrits aux tranches de l'une des pyramides, moins la somme des prismes inscrits aux mêmes tranches, est le produit de la hauteur de l'une quel-conque des tranches par la somme des différences entre les grandes et les petites bases. Or si l'on fait la projection de toutes ces différences, sur la

base même de la pyramide., on verra facilement que ces projections couvrent exactement cette base. Donc la somme des prismes circonscrits, moins la somme des prismes inscrits, équivaut à la base même de la pyramide, multipliée par la hauteur de l'une quelconque des tranches. Or cette hauteur est aussi petite qu'on le veut, donc la somme des prismes circonscrits ne diffère qu'infiniment peu de la somme des prismes inscrits dans la même pyramide.

Maintenant si l'on compare les prismes inscrits et circonscrits dans chaque pyramide, aux prismes correspondans de l'autre, on trouvera qu'ils ont tous respectivement mêmes bases et même hauteur. Donc ils sont respectivement égaux. Donc la somme de ceux d'une des pyramides est égale à la somme de ceux de l'autre.

Mais chaque pyramide elle-même est moindre que la somme des prismes circonscrits et plus grande que la somme des prismes inscrits. Donc puisque ces sommes sont toutes ou égales ou infiniment peu différentes les unes des autres, les pyramides elles-mêmes sont infiniment peu différentes l'une de l'autre. Donc en faisant abstraction des quantités infiniment petites à l'égard des pyramides entières, on peut dire que ces pyramides sont égales. Et comme cette dernière proposition est entièrement dégagée de toute considération de l'infini, elle est nécessairement et rigoureusement exacte. Donc deux pyramides de mêmes bases et de même hauteur, sont égales entre elles.

PROBLÈME III.

42. *Prouver que l'aire d'une zone sphéri-que, est égale à l'aire de la portion corres-pondante du cylindre qui lui est circonscrit.*

Soit AGB (*fig.* 3) la demi-circonférence géné-ratrice de la surface sphérique proposée, C le centre, AB le diamètre, ADEB, le quadrilatère générateur du cylindre circonscrit, *mr* une por-tion infiniment petite de la demi-circonférence génératrice, *smp, trq*, des perpendiculaires sur le diamètre AB, prolongées jusqu'à sa parallèle DE, *mn* une perpendiculaire menée du point *m* sur *trq*, C*m*, le rayon mené au point *m*. Je vais d'abord prouver que la zone engendrée par le petit arc *mr*, est égale à l'aire de l'anneau cylindrique en-gendré par *pq*.

Pour cela je considère le cercle comme un po-lygone d'une infinité de côtés, et l'arc *mr* comme l'un de ces côtés. Cela posé, les triangles sembla-bles *mnr, msc*, donnent, $mn : mr :: ms : mc$; ou parce que l'on a $mn = pq$, et que les circonfé-rences qui ont pour rayons ms, mC, sont entre elles comme ces rayons, $pq : mr :: \text{cir.}ms : \text{cir.}mC$, ou cir. $ms \times mr = \text{cir.} mC. pq$.

Mais il est évident que le premier membre de cette équation diffère infiniment peu de l'aire convexe du petit cône tronqué engendré par le trapèze *mstr*, ou de la petite zone engendrée par l'arc *mr* considéré comme ligne droite; et que le second membre est l'aire de l'anneau cylindrique qui lui correspond. Donc l'aire de la petite zone est égale à celle du petit anneau.

Cette égalité n'étant point dégagée de l'infini, nous ne pouvons encore savoir, si elle est exacte ou seulement imparfaite; mais comme nous pouvons appliquer à toutes les zones infiniment petites, ce que nous avons dit de la première; nous en conclurons, que généralement une zone quelconque de grandeur déterminée, est égale à la portion de surface cylindrique qui lui correspond, proposition qui étant entièrement dégagée de l'infini, est nécessairement et rigoureusement exacte.

PROBLÈME IV.

43. *Prouver que le volume du paraboloïde est la moitié du cylindre de même base et de même hauteur.*

Soit (*fig.* 4) A*mn*C la parabole génératrice, TA*p*D son axe, A*p* l'abscisse répondant au point *m*, *pm* l'ordonnée, T*p* la sous-tangente, *qn* une seconde ordonnée infiniment proche de la première, A*rs* la tangente au sommet, *mr*, *ns*, deux perpendiculaires menées des points m, n sur cette tangente; mt le prolongement de mr jusqu'à la rencontre de qn.

Je considère la courbe comme un polygone d'une infinité de côtés, et mn comme l'un de ces côtés. En imaginant la figure tourner autour de l'axe TAp, le petit trapèze $pmnq$ engendrera un des élémens du paraboloïde, et le petit trapèze $rsmn$, l'élément correspondant du volume qui fait le complément de ce paraboloïde, relativement au cylindre engendré par le quadrilatère $Asnq$. Or je dis que ces deux élémens sont égaux entre eux.

En effet, il est clair que le premier, c'est-à-dire, celui du paraboloïde, est, en négligeant les quantités qui sont infiniment petites relativement à celles qui restent, $qp.\,pm\,\frac{1}{2}$ cir. pm, et que l'autre élément sera $rs.\,mr.$ cir. Ar.

Mais on a $rs=tn$, $Ar=pm$, et comme dans la parabole la sous-tangente est double de l'abcisse, on a aussi $mr=\frac{1}{2}pT$. Donc le second élément indiqué ci-dessus, devient $nt\frac{1}{2}pT$ cir. pm. Or les triangles semblables mnt, Tmp donnent, $tn:mt::pm:Tp$; donc $Tn.Tp=mt.pm$. Substituant donc cette valeur de $tn.Tp$ dans l'expression précédente, elle deviendra $mt.pm\frac{1}{2}$ cir. pm qui est la même que celle qui a été trouvée ci-dessus pour le premier élément. Donc les deux élémens sont égaux ou diffèrent infiniment peu.

Mais comme cette égalité reste encore affectée de l'infini, j'imagine tout le paraboloïd e composé de semblables élémens, et appliquant à chacun le même raisonnement que ci-dessus, je conclus que la somme de tous les élémens du paraboloïde, c'est-à-dire le volume même de ce corps, est égal à la somme des élémens du volume complémentaire, et par conséquent la moitié seulement du cylindre, proposition qui étant dégagée de toute considération de l'infini, est nécessairement et parfaitement rigoureuse.

PROBLÈME V.

45. *Démontrer que dans le mouvement uniformément accéléré, les espaces parcourus sont comme les carrés des temps, à compter de l'instant où la vitesse était* o.

Le mouvement uniformément accéléré est celui dans lequel les vitesses acquises depuis l'instant où la vitesse était o, sont proportionnelles aux temps écoulés depuis la même époque. Si donc l'on nomme v cette vitesse, t le temps, et E l'espace parcouru; et que pour un autre instant, on nomme v' la vitesse, t' le temps écoulé, et E' l'espace, on aura par hypothèse $v : v' :: t : t'$; et il s'agit de prouver qu'on a $E : E' :: t^2 : t'^2$.

Considérons la vitesse comme croissant par des degrés infiniment petits égaux, et soit p l'aug-

mentation infiniment petite qu'elle reçoit à chaque
fois. Cette vitesse sera donc successivement depuis
le commencement $o, p, 2p, 3p, 4p$, ainsi de suite
selon les termes de la progression par différences,
croissante, dont le premier terme est o, et la
raison p.

Nommons q l'intervalle de temps infiniment
petit qui s'écoule d'un accroissement de la vitesse à
l'autre. Ces accroissemens étant égaux, et les temps
étant proportionnels aux vitesses, l'intervalle q
sera toujours le même, et pendant cet intervalle,
la vitesse étant regardée comme uniforme, les
espaces parcourus successivement seront o, pq,
$2pq, 3pq$, etc., aussi selon les termes d'une progression par différence. Donc l'espace total parcouru, c'est-à-dire la somme des espaces parcourus à chaque instant, sera la somme de tous
les termes de cette progression.

Or la somme de tous les termes d'une progression par différences, dont le premier terme est o,
se trouve en multipliant le dernier terme par la
moitié du nombre des termes. Mais le temps total
t est évidemment égal au petit temps q multiplié
par le nombre des termes moins un ; si donc on
nomme n ce nombre de termes, on aura......
$t = q(n-1)$, ou $n = \dfrac{t+q}{q}$, ou en négligeant
dans le numérateur, q comme infiniment petit à

l'égard de t, on aura $n = \frac{t}{q}$; donc la vitesse finale est $p(n-1)$, ou $p\,\frac{t}{q}$. Donc la somme des termes ou l'espace parcouru est $\frac{1}{2}p\,\frac{t.t}{q.q}$; c'est-à-dire qu'on aura $E = \frac{pt^2}{2q^2}$. Par la même raison on aura $E' = \frac{t'^2}{2q'^2}$, donc $E : E' :: t^2 : t'^2$; proportion qui étant dégagée de toute considération de l'infini, est nécessairement et rigoureusement exacte.

45. Ces exemples suffisent pour montrer comment on peut employer dans le raisonnement et l'algèbre ordinaire, les principes de l'analyse infinitésimale; nous allons voir maintenant, comment on est parvenu à réduire ces principes en algorithme, dans les calculs différentiel et intégral.

CHAPITRE II.

De l'Algorithme adapté à l'analyse infinitésimale.

46. Une fois les principes généraux de la nouvelle doctrine bien établis, on a pu remarquer dans les nombreuses applications dont elle est susceptible, que parmi les quantités infiniment petites qu'elle met en œuvre, il en est d'une classe particulière, qui s'offrent beaucoup plus fréquemment que toutes les autres : ce sont celles qu'on a nommées *différentielles.*

On entend par le mot *différentielle ,* la différence de deux valeurs successives d'une même variable, lorsque l'on considère le système auquel elle appartient, dans deux ou plusieurs états consécutifs, dont l'un est regardé comme fixe, et les autres comme se rapprochant continuellement et simultanément du premier, jusqu'à en différer aussi peu qu'on le veut.

47. L'expression diminutive de quantité dif-

férentielle indique tout-à-la-fois, que la quantité
qu'elle exprime est une différence, et que cette
différence est une quantité infiniment petite. Elle
marque la quantité infiniment petite dont la variable a augmenté en passant de son premier état
au second.

La différentielle d'une quantité s'exprime ordinairement dans le calcul, par la lettre d mise
au devant de celle qui exprime la variable : ainsi
dx signifie différentielle de x; dy signifie différentielle de y; $d\frac{x}{y}$ signifie différentielle de la fraction $\frac{x}{y}$, c'est-à-dire, la quantité infiniment petite
dont cette fraction augmente lorsque x augmente
de dx et y de dy. La lettre d ne représente donc
point une quantité, mais elle est employée comme
simple indice : ce n'est qu'une abréviation de ces
mots *différentielle de*, et elle porte dans le
calcul le nom de *caractéristique*.

Les quantités constantes n'ont point de diffé-.
rentielles, ou, si l'on veut, leur différentielle est o ;
puisque par leur nature elles n'augmentent pas,
ou que leur augmentation peut être supposée
nulle, lorsque le système est considéré comme
passant de son premier état au second.

48. Lorsque le calcul donne pour la différentielle d'une quantité une valeur négative, c'est

une preuve qu'on a fait une fausse supposition, et que la variable dont il s'agit, au lieu d'aller en croissant, comme on l'avait supposé, va au contraire en diminuant, par le changement général de l'état du système. Ainsi, par exemple, un arc de cercle moindre que le quart de la circonférence étant représenté par s, sa différentielle sera ds, celle de son sinus sera $d\sin s$ et celle de son cosinus $d\cos s$. Or comme on suppose que s va en croissant, il est évident que le sinus ira de même en croissant, mais que le cosinus au contraire ira en diminuant. Donc le calcul algébrique devra assigner à $d\cos s$ une valeur négative, et c'est ce qui a lieu en effet comme on le verra plus loin. Mais soit que la variable aille en augmentant ou en diminuant, on entend toujours par sa différentielle, la différence de sa seconde valeur à la première, et on la désigne constamment par la caractéristique d, suivie de la variable et prise positivement, laissant à l'ordinaire au calcul, le soin de redresser par lui-même, les fausses suppositions qu'on pourrait avoir faites.

Lorsque plusieurs quantités variables sont liées par une loi quelconque, comme le sont, par exemple, l'abscisse et l'ordonnée d'une courbe; l'accroissement de l'une détermine nécessairement l'accroissement de l'autre. Ainsi en désignant l'abscisse par x et l'ordonnée par y, il y aura entre dx et dy une relation, déterminée par celle de x et de y elles-mêmes. Et réciproquement la relation de x et y dépend de celles qu'elles ont elles-mêmes avec leurs différentielles dx, dy. De là les deux branches de l'analyse infinitési-male, l'une ayant pour objet de trouver la rela-tion qui existe entre les différentielles de plusieurs variables et ces variables elles-mêmes, lorsque l'on connaît celle qui existe entre ces dernières seulement; l'autre ayant pour objet de retrouver la relation qui existe entre les variables seule-ment, lorsque l'on connaît celle qui lie ces va-riables avec leurs différentielles.

49. Or il est aisé de concevoir combien les règles de ces calculs une fois trouvées, peuvent aider à résoudre les diverses questions qu'on peut se proposer. Car toute question se réduit à trouver la relation qui existe entre certaines quantités désignées. Or si je ne puis apercevoir immédiatement cette relation, je cherche natu-rellement à y parvenir par l'entremise de quelques quantités auxiliaires : mais de toutes les quantités auxiliaires, l'usage apprend, qu'aucune ne donne lieu à plus de simplifications que celles qu'on nomme *infinitésimales;* il est donc naturel de les introduire autant que possible dans les com-

binaisons. Alors il arrive, ou qu'elles s'élimi-
nent d'elles-mêmes, à la manière des quantités
algébriques ordinaires; et dans ce cas, tous les
procédés suivis dans le cours des opérations, appartiennent à ce qu'on nomme *calcul différentiel;* ou il faudra recourir à certaines transformations inusitées dans l'algèbre ordinaire, mais
dont l'objet est toujours d'éliminer ces auxiliaires
appelées *infinitésimales,* et ces transformations
sont de la compétence de ce qu'on nomme *calcul
intégral.*

Le premier de ces calculs est beaucoup plus
facile que le second; parce qu'il ne renferme, à
proprement parler, aucun procédé qui ne lui soit
commun avec l'ancienne analyse : mais le calcul
intégral exige des procédés fort différens, et qui
sont loin encore d'être complets, malgré les travaux des savans du premier ordre qui s'en sont
occupés. Mon objet ici, n'est que de faire connaître l'esprit de ces méthodes, et d'indiquer la
marche générale de ces calculs. Je commencerai
par le calcul différentiel, comme le plus simple,
et comme indispensable pour parvenir à la connaissance du calcul intégral; mais en me restrei-
gnant aux premières notions, pour l'un comme
pour l'autre.

DU CALCUL DIFFÉRENTIEL.

5o. Nous avons dit que la différentielle d'une quantité variable, était la différence infiniment petite du second état de cette variable avec le premier, il s'agit donc de trouver cette différentielle pour tous les cas possibles; c'est-à-dire pour toutes les fonctions possibles des variables proposées, telles que x, y, z, etc., dont les différentielles particulières sont déjà exprimées par dx, dy, dz, etc.

Il faut d'abord examiner quelle distinction nous devons mettre entre l'opération par laquelle on prendrait une différence ordinaire ou finie, et celle par laquelle on doit se borner à prendre une différentielle, ou une différence infiniment petite. Si nous considérons le système proposé dans deux états quelconques déterminés différens l'un de l'autre, la différence des deux valeurs de la même quantité prise dans les deux systèmes, sera également déterminée et ne pourra par conséquent être supposée aussi petite qu'on le voudra; ainsi l'on ne pourrait rien y négliger sans commettre des erreurs, qu'on ne serait plus à même de rectifier. Mais si les deux systèmes sont supposés se rapprocher l'un de l'autre autant qu'on le veut, la différence des deux valeurs de la même variable pourra être rendue aussi petite qu'on le voudra, elle deviendra ce qu'on nomme

5

une différentielle, et ne sera autre chose que la différence ordinaire, simplifiée par la suppression des quantités qui, dans son expression, pourraient se trouver infiniment petites, relativement aux autres termes dont elle est composée. Tel est le principe général de la différentiation.

51. Il suit évidemment de ce principe général, que pour différentier une quantité ou une fonction quelconque de cette quantité ou de plusieurs quantités combinées, que j'exprimerai par $\varphi(x, y, z, \text{etc.})$, il n'y a qu'à la considérer dans le second état, c'est-à-dire lorsque x, y, z, etc. devenant respectivement $x+dx, y+dy, z+dz$, etc., cette fonction devient elle-même $\varphi(x+dx, y+dy, z+dz, \text{etc.})$; retrancher de cette fonction ainsi accrue, ce qu'elle était d'abord, c'est-à-dire $\varphi(x, y, z, \text{etc.})$, ce qui donnera pour la différence de la fonction proposée,

$$\varphi(x+dx, y+dy, z+dz, \text{etc.}) - \varphi(x, y, z, \text{etc.});$$

et alors pour passer de cette différence à la différentielle, il n'y aura plus qu'à réduire l'expression, en y négligeant les quantités qui se trouveraient infiniment petites, vis-à-vis de celles auxquelles elles seraient ajoutées, ou dont elles seraient retranchées. Il ne nous reste donc plus qu'à appliquer cette formule générale à chaque cas particulier.

Soit proposé de différentier la somme $a+b+x+y+z$ de plusieurs quantités dont les unes $a, b,$ sont constantes et les autres x, y, z variables; c'est-à-dire, soit proposé de trouver $d(a+b+x+y+z)$.

Suivant la formule générale donnée ci-dessus, les constantes a, b n'ayant aucune différentielle, et les variables x, y, z ayant respectivement pour différentielles dx, dy, dz, nous devons avoir,

$$d\,(a+b+x+y+z) = a+b+(x+dx)+(y+dy)+(z+dz)-(a+b+x+y+z),$$

équation qui se réduit à

$$d\,(a+b+x+y+z) = dx+dy+dz;$$

c'est-à-dire que *la différentielle d'une somme quelconque de constantes et de variables est égale à la somme des différentielles des seules variables.*

52. Soit proposé de différentier $x-y$; on aura, d'après la formule générale,

$$d(x-y) = (x+dx)-(y+dy)-(x-y),$$

ou en réduisant,

$$d.(x-y) = dx-dy;$$

5..

c'est-à-dire que *la différentielle de la différence de deux variables quelconques, est égale
à la différence de leurs différentielles.*

Soit proposé de différentier $ax+by-cz$; on
aura, par la formule générale,

$$d(ax+by-cz)=adx+bdy-cdz.$$

53. Soit proposé de différentier le produit xy;
on aura d'abord pour différence par la formule
générale,

$$(x+dx)(y+dy)-xy,$$

ou réduisant,

$$xdy+ydx+dxdy.$$

Mais comme il s'agit non d'une différence quelconque, mais de la différentielle; on remarquera
que le dernier terme $dxdy$ est infiniment petit
relativement à chacun des deux autres, puisqu'en
le divisant par le premier il donne $\frac{dx}{x}$, et par le
second $\frac{dy}{y}$, qui sont évidemment l'une et l'autre
des quantités infiniment petites. Donc ce troisième
terme doit être négligé vis-à-vis des autres: donc
la formule se réduit à

$$dxy=xdy+ydx.$$

On trouverait pareillement

$$dxyz=xydz+xzdy+yzdx;$$

et de même pour un plus grand nombre de facteurs, d'où suit cette règle : *Pour différentier le produit de plusieurs facteurs variables, il faut prendre la somme des différentielles de chaque variable, multipliées chacune par le produit de toutes les autres variables.*

54. Soit proposé de différentier la fraction $\frac{x}{y}$.

Suivant la formule générale, la différence sera $\frac{x+dx}{y+dy} - \frac{x}{y}$, ou en réduisant au même dénominateur $\frac{ydx - xdy}{y^2 + ydy}$, or comme ce n'est point la différence absolue qu'on demande, mais seulement la différentielle, il faut effacer de cette expression la quantité ydy au dénominateur, parce qu'elle se trouve infiniment petite relativement à l'autre terme y^2. Donc on aura

$$d\frac{x}{y} = \frac{ydx - xdy}{yy},$$

c'est-à-dire qu'en général, *la différentielle d'une fraction est égale au dénominateur de cette fraction multipliée par la différentielle du numérateur, moins le numérateur par la différentielle du dénominateur ; le tout divisé par le carré du dénominateur.*

55. Soit proposé de différentier x^m.

Si l'on fait successivement $m = 2$, $m = 3$, $m = 4$, etc.; on pourra regarder x^m comme le produit de x multipliée par elle-même une fois, deux fois, trois fois, etc., ainsi on pourra y appliquer la règle établie (53), d'où l'on tirera en général

$$dx^m = mx^{m-1}dx.$$

Si l'on suppose successivement $m = -1$, $m = -2$, $m = -3$, etc., ou ce qui revient au même, si l'on veut différentier les quantités $\frac{1}{x}$, $\frac{1}{x^2}$, $\frac{1}{x^3}$, etc., il n'y aura qu'à leur appliquer la règle trouvée ci-dessus pour différentier les fractions, et l'on parviendra également à la formule

$$dx^m = mx^{m-1}dx.$$

Si l'on suppose que l'exposant m soit une fraction $\frac{p}{q}$; on fera $x^{\frac{p}{q}} = z$; élevant chaque membre à la puissance q, on aura $x^p = z^q$, et différentiant chaque membre par la règle ci-dessus, on aura

$$px^{p-1}dx = qz^{q-1}dz;$$

d'où je tire

$$dz = \frac{px^{p-1}dx}{qz^{q-1}} :$$

substituant dans le second membre, pour z sa valeur $x^{\frac{p}{q}}$; on aura

$$dz = \frac{p x^{p-1} dx}{q x^{p-\frac{p}{q}}} = \frac{p}{q} x^{\frac{p}{q}-1} dx = m \cdot x^{m-1}, dx,$$

qui est encore la même formule que ci-dessus.

C'est-à-dire donc, que généralement *la diffé-rentielle d'une puissance quelconque positive ou négative, entière ou fractionnaire, est le produit de l'exposant de la puissance, par la variable élevée à une puissance moindre d'une unité que la puissance donnée, le tout multi-plié par la différentielle de la variable.*

56. Si les quantités proposées étaient affectées de radicaux, on commencerait par les convertir en quantités affectées d'exposans. Ainsi les règles précédentes suffiront pour différentier toutes les quantités algébriques. Mais les quantités dont les exposans sont variables n'y sont pas comprises : cependant elles n'en sont pas moins susceptibles de différentiation, ainsi que les autres quantités auxquelles on a donné le nom de transcendantes; telles que les quantités logarithmiques et angu-laires. Nous allons parcourir les règles qui ont été trouvées pour cela.

57. *Proposons-nous de différentier* a^x, a *étant une quantité constante, et* x *un exposant variable.*

Suivant le principe général, la différentielle cherchée sera

$$a^{x+dx} - a^x, \text{ ou } a^x.a^{dx} - a^x, \text{ ou } a^x(a^{dx} - 1);$$

c'est-à-dire qu'on aura

$$da^x = a^x(a^{dx}-1)\ldots(A).$$

Mais pour rendre cette équation utile, il faut faire en sorte que la quantité infiniment petite *dx* ne soit point employée en exposant.

Pour cela je fais $a = 1 + b$, j'aurai donc,

$$a^{dx} = (1+b)^{dx},$$

ou en développant par la formule du binome de Newton

$$a^{dx} = 1 + dxb + \frac{dxb^2(dx-1)}{2}$$
$$+ \frac{dxb^3(dx-1)(dx-2)}{2.3} + \text{etc.},$$

et comme la quantité infiniment petite *dx* disparaît devant les nombres finis 1, 2, 3, etc., l'équation, en transposant le premier terme du second membre, se réduit à

$$a^{dx} - 1 = dx\left(b - \frac{b^2}{2} + \frac{b^3}{3} - \frac{b^4}{4} + \text{etc.}\right).$$

Substituant donc cette valeur de $a^{dx} - 1$ dans la

formule (A), et remettant pour b sa valeur $a - 1$, on aura

$$da^x = a^x dx [(a-1) - \tfrac{1}{2}(a-1)^2 + \tfrac{1}{3}(a-1)^3 - \text{etc.}] \ldots (B)$$

58. La différentiation des quantités exponentielles, qu'on vient de voir, donne le moyen de différentier aussi les quantités logarithmiques. En effet, suivant la définition générale des logarithmes, on a, quelle que soit la base a du système, $x = \log a^x$, donc $dx = d \log a^x$. Substituant cette valeur de dx dans l'équation (B), on aura

$$da^x = a^x d\log a^x . [(a-1) - \tfrac{1}{2}(a-1)^2 + \tfrac{1}{3}(a-1)^3 - \text{etc.}];$$

d'où en faisant $a^x = y$, on tire

$$d \log y = \frac{dy}{y} \frac{1}{[(a-1) - \tfrac{1}{2}(a-1)^2 + \tfrac{1}{3}(a-1)^3 - \text{etc.}]}.$$

Supposant donc pour abréger, que ce dernier facteur qui est constant soit représenté par m, on aura pour un système quelconque de logarithmes;

$$d \log y = \frac{mdy}{y} \ldots (C).$$

Le nombre m qui est, comme l'on voit, une fonction connue de la base a du système logarithmique, est ce que l'on nomme *module* de ce système.

Le cas le plus simple est celui où l'on suppose $m = 1$, ce qui réduit la formule (C) à

$$d \log y = \frac{dy}{y}.$$

C'est pourquoi les logarithmes de ce système se nomment *logarithmes naturels*, ou *logarithmes népériens*, du nom de leur célèbre inventeur le baron de Néper; ou encore *logarithmes hyperboliques*, à cause de leur connexion avec la quadrature des portions de la surface comprise entre l'hyperbole équilatère et ses asymptotes.

59. Puisque nous avons fait en général

$$m = \frac{1}{(a-1) - \frac{1}{2}(a-1)^2 + \frac{1}{3}(a-1)^3 - \text{etc.}},$$

nous aurons pour les logarithmes naturels, c'est-à-dire, pour le cas où $m = 1$,

$$(a-1) - \frac{1}{2}(a-1)^2 + \frac{1}{3}(a-1)^3 - \text{etc.} = 1,$$

ce qui donne par approximation

$$a = 2,7182818284590045\ldots\ldots,$$

c'est-à-dire, que la base des logarithmes naturels ou le nombre dont le logarithme est 1 dans ce système, est à très-peu près le nombre précédent, qu'on est convenu de représenter en général par la lettre e dans les calculs algébriques. Ainsi dans ce système on a $x = \log e^x$.

$$e = 2,7182818284590045\ldots\ldots$$

Mais nos tables ordinaires de logarithmes, faites principalement pour l'usage de l'Arithmétique, sont calculées sur une autre base. Notre numération étant décimale, on y suppose $a=10$, c'est-à-dire, qu'on y suppose $x=\log 10^x$; on y suppose donc successivement

$$10^x=1, \ 10^x=2, \ 10^x=3, \ \text{etc.,}$$

et les valeurs de x qui satisfont à ces équations, sont les logarithmes des nombres naturels 1, 2, 3, 4, etc.

En substituant cette valeur 10 de la base dans l'équation trouvée ci-dessus,

$$m=\frac{1}{(a-1)-\frac{1}{2}(a-1)^2+\frac{1}{3}(a-1)^3-\text{etc.}},$$

on a par approximation

$$m=0,43429448....$$

C'est-à-dire, que ce nombre est le module des tables ordinaires.

60. Tous les systèmes possibles de logarithmes ont entre eux une liaison intime, de manière que ces logarithmes étant supposés calculés pour un certain système, il suffit de les multiplier tous par un même nombre, pour passer à un autre.

En effet, soit K un nombre quelconque, log K

le logarithme de ce nombre pris dans un système dont la base soit a, et l'og K le logarithme du même nombre pris dans un autre système dont la base soit a'. Nous aurons donc

$$K = a^{\log K}, \quad K = a'^{\text{l'og} K}.$$

Donc

$$a^{\log K} = a'^{\text{l'og} K}.$$

Prenant les logarithmes dans le système dont la base est a, on aura

$$\log a^{\log K} = \log a'^{\text{l'og} K},$$

ou

$$\log K . \log a = \text{l'og} K . \log a'.$$

Donc

$$\log K : \text{l'og} K :: \log a' : \log a.$$

Mais par la même raison on aurait pour tout autre nombre K' :

$$\log K' : \text{l'og} K' :: \log a' : \log a.$$

Donc

$$\log K : \text{l'og} K :: \log K' : \text{l'og} K',$$

ou enfin

$$\log K : \log K' :: \text{l'og} K : \text{l'og} K'.$$

Donc les logarithmes des deux nombres pris dans le premier système, sont entre eux comme les logarithmes des mêmes nombres pris dans le second.

61. Cette quantité constante par laquelle il

faut multiplier tous les logarithmes d'un système pour avoir ceux d'un autre, est facile à trouver; car la proportion trouvée ci-dessus

$$\log K : l'og K :: \log a' : \log a$$

donne

$$l'og K = \frac{\log a}{\log a'} \log K.$$

Ou plus simplement à cause de $\log a = 1$,

$$l'og K = \frac{1}{\log a'} \log K ;$$

c'est-à-dire que la quantité constante par laquelle il faut multiplier les logarithmes d'un système pour avoir ceux d'un autre, est l'unité divisée par le logarithme de la base de cet autre système, pris dans le premier.

62. Si l'on différentie l'équation précédente, d'après le principe général établi (58) elle donnera

$$\frac{m d K}{K} = \frac{1}{\log a'} \cdot \frac{dK}{K} \text{ ou } \log a' = \frac{1}{m}.$$

Ainsi au lieu de diviser les logarithmes népériens par $\log a'$, pour avoir ceux d'un autre système quelconque; il n'y a qu'à les multiplier par m, c'est-à-dire par le module de ce système.

Or nous avons trouvé ci-dessus (59) pour le module des tables ordinaires, $m = 0,43429448$. C'est donc par ce nombre qu'il faut multiplier les logarithmes naturels ou népériens, pour avoir les logarithmes tabulaires.

Donc réciproquement si l'on a les tables ordinaires calculées, il faudra diviser chacun des logarithmes de ces tables par 0,43429448, pour retrouver les logarithmes naturels, ou ce qui revient au même, les multiplier tous par 2,30258509 qui est égal à $\frac{1}{0,43429448}$, et d'après l'équation trouvée ci-dessus $\log a' = \frac{1}{m}$; ce dernier nombre doit être le logarithme de 10 pris dans les tables népériennes.

63. Nous venons de voir que a' exprimant la base d'un système quelconque de logarithmes, et m son module, on a $\log a' = \frac{1}{m}$ ou $m = \frac{1}{\log a'}$, $\log a'$ exprimant le logarithme népérien de a'. Donc *dans tout système le module n'est autre chose que l'unité divisée par le logarithme népérien ou naturel de la base logarithmique de ce système.*

Si donc nous reprenons les dénominations de l'article 58, c'est-à-dire que nous exprimions par a la base d'un système quelconque de logarithmes, et par m son module, nous aurons $m = \frac{1}{\log a}$, $\log a$ désignant le logarithme naturel de a, et non le logarithme pris dans le système dont a est la base et m le module.

Mais nous avons vu (59) qu'on a aussi généralement, entre le module et la base d'un système quelconque :

$$m = \frac{1}{(a-1) - \frac{1}{2}(a-1)^2 + \frac{1}{3}(a-1)^3 - \text{etc.}}.$$

Donc en général on a

$$\log a = (a-1) - \tfrac{1}{2}(a-1)^2 + \tfrac{1}{3}(a-1)^3 - \text{etc...} \quad (D)$$

$\log a$ exprimant toujours le logarithme népérien de a, ce qui donne une formule générale pour calculer les logarithmes de ce système.

Si dans cette formule on met pour a sa valeur $1 + b$ (57), elle deviendra ,

$$\log (1+b) = b - \tfrac{1}{2}b^2 + \tfrac{1}{3}b^3 - \text{etc.}$$

Si dans cette équation on fait b négatif, elle deviendra

$$\log (1-b) = -b - \tfrac{1}{2}b^2 - \tfrac{1}{3}b^3 - \text{etc.} ;$$

retranchant cette équation de la précédente, et observant que

$$\log (1+b) - \log (1-b) = \frac{\log (1+b)}{\log (1-b)},$$

on aura,

$$\frac{\log (1+b)}{\log (1-b)} = 2 \left(b + \tfrac{1}{2}b^2 + \tfrac{1}{3}b^3 + \tfrac{1}{4}b^4 + \text{etc.} \right) \ldots (F)$$

formule très connue, qui donne le moyen de construire avec facilité les tables des logarithmes naturels.

64. D'après ce qui a été dit (57 et 58), nous pouvons facilement différentier toute quantité soit exponentielle, soit logarithmique; mais nous observerons que les logarithmes naturels ou népériens, sont les seuls qu'on emploie en algèbre, comme étant les plus simples; que la lettre e, est généralement prise pour représenter la base de ce système, c'est-à-dire le nombre dont le logarithme est 1, et qu'enfin ce nombre est..... 2,71828182845, à très peu près (59). Cela posé :

Soit proposé de différentier log x *, nous aurons* $d \log x = \frac{dx}{x}$, ce qu'on exprime plus simplement ainsi $d\, \mathrm{l} x = \frac{dx}{x}$.

On trouvera de même

$$d\mathrm{l}\, (a+x) = \frac{dx}{a+x};\; d\mathrm{l}\, \frac{a}{a+x} = -\frac{dx}{a+x};$$

$$d\mathrm{l}\, \frac{x}{y} = \frac{dx}{x} - \frac{dy}{y};\; d\mathrm{l}\, \frac{a+x}{a-x} = \frac{dx}{a+x} - \frac{dx}{a-x};$$

$$d\mathrm{l}\, (aa+xx) = \frac{2xdx}{aa+xx};$$

Soit proposé de différentier e^x *; nous aurons*

$$de^x = e^x dx;$$

soit proposé de différentier a^x; on aura

$$da^x = a^x dx la;$$

pareillement on trouvera

$$dx^y = x^y \left(dy lx + \frac{y dx}{x} \right); d(aa+xx)^x$$

$$= (aa+xx)^x dx \left[l(aa+xx) + \frac{2x^2 dx}{aa+xx} \right] \text{etc.}$$

D'après tout ce qui vient d'être dit sur les quantités exponentielles et logarithmiques, on voit que leur différentiation se réduit aux deux règles suivantes, qui dérivent l'une de l'autre (57 et 58).

1°. *La différentielle du logarithme d'une quantité quelconque, est égale à la différentielle de cette quantité, divisée par cette même quantité.*

2°. *La différentielle d'une quantité exponentielle, se trouve en multipliant cette quantité exponentielle, par la différentielle de son logarithme.*

Je passe à la différentiation des quantités angulaires.

65. *Soit proposé de différentier* sin x, *x étant un arc quelconque de cercle dont le rayon est* 1.

Suivant le principe général de la différentiation, on doit avoir,

6

$$d \sin x = \sin (x+dx) - \sin x$$
$$= \sin x \cos dx + \sin dx \cos x - \sin x.$$

Mais il est aisé de voir que 1° le cosinus d'un arc infiniment petit ne diffère du rayon que d'une quantité infiniment petite du second ordre; puisque cette quantité est le sinus verse, et que le sinus verse est égal au carré du sinus qui est une quantité infiniment petite du second ordre, divisé par le diamètre moins le même sinus verse, qui est une quantité finie; d'où suit d'abord qu'on peut supposer $\cos dx = 1$, et par conséquent........ $\sin x \cos dx = \sin x$; 2° la circonférence pouvant être considérée comme un polygone d'une infinité de côtés, $\sin dx$, et dx, diffèrent infiniment peu l'un de l'autre, puisque dx est l'hypoténuse d'un triangle rectangle; donc un des petits côtés est $\sin dx$, et l'autre cosinus verse dx, qui est un infiniment petit du second ordre.

Donc l'équation trouvée ci-dessus se réduit à

$$d \sin x = dx \cos x.$$

Soit proposé de différentier $\cos x$.

Suivant le principe général de la différentiation, on doit avoir,

$$d \cos x = \cos (x + dx) - \cos x$$
$$= \cos x \cos dx - \sin x \sin dx - \cos x,$$

équation qui, d'après les observations ci-dessus, se réduit à

$$d \cos x = - dx \sin x.$$

Soit proposé de différentier tang x. On a

$$\tan g \, x = \frac{\sin x}{\cos x},$$

donc

$$d \tan g \, x = d \frac{\sin x}{\cos x},$$

équation qui se réduit à

$$d \tan g \, x = \frac{dx}{\cos x^2},$$

et comme

$$\cot x = \frac{\cos x}{\sin x},$$

on trouvera de même

$$d \cot x = \frac{- dx}{\sin x^2}.$$

66. En appliquant ces règles principales à d'autres exemples, on trouvera :

$$d \sin mx = mdx \cos mx,$$
$$d \cos mx = - mdx \sin mx,$$
$$d \sin x^m = mdx \cos x \sin x^{m-1},$$
$$d \cos x^m = - mdx \sin x \cos x^{m-1},$$

6..

$$d \ \tan{g} \, mx = \frac{m dx}{\cos mx^2},$$

$$d \ \cot \, mx = \frac{- m dx}{\sin mx^2},$$

$$d \ \tan{g} \, x^m = \frac{m^2 dx \ \tan{g} \, x^{m-1}}{\cos x^2},$$

$$d \ \cot \, x^m = \frac{-m^2 dx \ \cot x^{m-1}}{\sin x^2}.$$

67. D'après ce qui a été dit sur la différentiation des quantités de toutes espèces, il est évident que la différentielle d'une quantité qui ne renferme qu'une seule variable x, doit avoir pour l'un de ses facteurs la différentielle dx, puisqu'elle doit se réduire à zéro en faisant $dx = 0$. Mais aucun des termes ne doit se trouver multiplié par les puissances supérieures de dx, parce que ces termes étant infiniment petits relativement aux autres, ont dû être négligés.

Par la même raison, si la fonction contient plusieurs variables x, y, z; la différentielle ne peut contenir que des termes multipliés par dx, dy, dz, à la première puissance seulement, et il ne doit s'en trouver aucun qui ait pour facteur ces différentielles élevées à des puissances supérieures, ou multipliés les unes par les autres.

La somme des termes qui ont pour facteur commun dx, composant la différentielle de la fonction proposée relativement à x, c'est-à-dire, en

regardant x seule comme variable; et de même
pour la somme des termes qui ont pour facteurs
communs dy, dz, etc.

Donc la différentielle totale de la fonction proposée, n'est autre chose que la somme des différentielles partielles, que l'on obtient en faisant
varier cette fonction successivement par rapport
à chacune des variables qui s'y trouvent.

Pour exprimer ces différentielles partielles, on
emploie la notation suivante. Soit P une fonction
de x, y, z, etc. La différentielle partielle de cette
fonction prise par rapport à x, s'exprime ainsi
$\frac{dP}{dx}\,dx$; de même $\frac{dP}{dy}\,dy$ exprime la différentielle
de la fonction P par rapport à y; ainsi des autres :
de sorte qu'on a

$$dP = \frac{dP}{dx}dx + \frac{dP}{dy}dy + \frac{dP}{dz}dz + \text{etc.}$$

68. Au lieu de considérer le système des quantités variables dans deux états consécutifs, comme
nous l'avons fait jusqu'à présent, nous pouvons
le considérer successivement dans deux, trois,
quatre ou un plus grand nombre d'états consécutifs, tous infiniment peu différents les uns des autres. Alors à mesure que le premier des systèmes
auxiliaires s'en rapprocheront aussi; tellement
que si ce premier système auxiliaire vient à coïn-

cider avec le système proposé, tous les autres coïncideront en même temps, et toutes les différentielles de l'un de ces systèmes à l'autre, s'évanouiront à la fois.

Les différences infiniment petites des quantités du premier système auxiliaire, aux quantités correspondantes du système désigné, ne sont pas les mêmes que celles des quantités du second système auxiliaire à celles du premier; et de même elles varieront du second au troisième, du troisième au quatrième, ainsi de suite; ainsi ces différences sont des variables qui auront, comme toutes les autres, leurs différentielles; et en conservant toujours la caractéristique d pour exprimer la différentielle de toute espèce de quantités; la quantité ddx exprimera la quantité dont dx augmente du premier système auxiliaire au second; de la même manière que dx exprime la quantité dont x augmente en passant du système désigné à ce premier système auxiliaire. Pareillement $dddx$ exprimera la quantité dont ddx augmente en passant du second système auxiliaire au troisième; ainsi de suite.

Les quantités dx, ddx, $dddx$, etc. se nomment *différentielles* première, seconde, troisième, etc., de la quantité x. Pareillement dy, ddy, $dddy$, etc. sont les différentielles première, seconde, troisième, etc. de y; ainsi des autres.

Au lieu d'écrire ddx, $dddx$, $ddddx$, etc., on écrit souvent par abréviation, d^2x, d^3x, d^4x, etc., ce qui n'indique point des puissances, et ne doit pas être confondu avec $(dx)^2$, $(dx)^3$, $(dx)^4$, etc., qui sont aussi des abréviations, et signifient $dxdx$, $dxdxdx$, $dxdxdxdx$, qui sont réellement les puissances de dx, qu'on exprime encore en supprimant la parenthèse et écrivant seulement dx^2, dx^3, dx^4, etc., et qu'il faut également distinguer des quantités $d(x)^2$, $d(x)^3$, etc., qui sont les différentielles des puissances x^2, x^3, x^4, etc. de x, tandis que les autres sont, au contraire, les puissances des différentielles de x.

69. Il suit de ce qui vient d'être dit, que les différentielles de tous les ordres se différentient comme toute autre variable, et qu'il ne faut point de règles particulières pour cela. Ainsi, par exemple, en différentiant xy, on trouve $xdy + ydx$; différentions cette différentielle, et nous aurons

$$dxdy + xddy + dydx + yddx,$$

dtfférentions de nouveau celle-ci, et nous aurons,

$$3dxddy + 3dyddx + xd^3y + yd^3x ;$$

ainsi de suite.

70. Il est bon d'observer, que quoique d^2x et

dx^2 ne soient pas la même chose, ce sont cependant deux quantités infiniment petites du second ordre. Car, par exemple, la première différentielle de l'équation

$$yy = 2ax - xx, \text{ est } ydy = adx - xdx;$$

et la différentielle seconde est

$$yd^2y + dy^2 = ad^2x - xd^2x - dx^2;$$

où l'on voit que l'équation ne peut être homogène, à moins que tous les termes ne soient du même ordre, c'est-à-dire, tous du second.

71. Il faut encore observer que quand diverses variables sont liées par des équations, on peut toujours prendre pour constante la différentielle de l'une quelconque de ces variables, laquelle est alors prise pour terme de comparaison, et sert à régler toutes les autres. Car, par exemple, dans une courbe, nous pouvons bien supposer que les accroissemens successifs de l'abscisse se font par degrés égaux infiniment petits; alors tous les dx seront égaux, et par conséquent on aura $ddx = 0$; mais à ces degrés égaux d'accroissement de l'abscisse, répondront des accroissemens de l'ordonnée qui ne seront point égaux; ainsi ddy ne sera pas zéro, et la loi suivant laquelle varieront ces dy en passant d'un système à l'autre, tandis que dx

restera constant, sera précisément ce qui fera connaître la nature de la courbe ; c'est-à-dire, que la nature de la courbe dépendra des relations qui existeront entre les différentielles successives, dy, ddy, $dddy$, etc., de la variable désignée y.

Appliquons ces règles générales du calcul différentiel à quelques exemples.

72. *Soit proposé de trouver la sous-tangente de la courbe qui a pour équation*

$$ay^{m+n} = x^m(a-x)^n.$$

Considérons la courbe proposée comme un polygone d'une infinité de côtés. Soit MN un de ces côtés (*fig.* 1); si l'on prolonge ce côté jusqu'à l'axe de la courbe en T, ce sera la tangente; soit cet axe ou ligne des abscisses TB; des deux extrémités M, N, du petit côté MN soient menées les ordonnées MP, NQ, infiniment proches l'une de l'autre, et du point M, soit menée la petite droite MO, parallèle à l'axe et terminée à l'ordonnée MQ. La ligne TP est donc la sous-tangente cherchée.

Or il est clair qu'on a $MO = dx$, $NO = dy$, et que les triangles semblables MNO, TMP, donnent par conséquent

$$dy : dx :: y : TP.$$

Donc nous avons l'équation imparfaite

$$\text{TP} = y \frac{dx}{dy} \ldots\ldots\ldots\ldots \text{(A)}.$$

Maintenant je différentie l'équation donnée, pour en tirer la valeur de $\frac{dx}{dy}$, et la substituer dans l'équation (A). Cette équation différentiée me donne

$$(m+n)\, a y^{m+n-1}\, dy = m(a-x)^n x^{m-1}\, dx - n x^m (a-x)^{n-1}\, dx,$$

qui est aussi une équation imparfaite, d'où je tire

$$\frac{dx}{dy} = \frac{(m+n)\, a y^{m+n-1}}{m(a-x)^n\, x^{m-1} - n x^m (a-x)^{n-1}} \ldots\ldots \text{(B)}.$$

Substituant cette dernière valeur de $\frac{dx}{dy}$ dans l'équation (A), j'aurai

$$\text{TP} = \frac{(m+n)\,(ax-xx)}{ma - mx - nx};$$

équation qui étant dégagée de toute considération de l'infini, est rigoureusement exacte, et me donne la valeur cherchée de la sous-tangente TP.

73. *Soit proposé de déterminer les plus grandes et les plus petites ordonnées de la courbe qui a pour équation*

$$yy + xx = 3ax - 2aa + 2by - bb \; (\textit{fig. } 5).$$

Il est clair que les plus grandes et les plus petites ordonnées de la courbe proposée sont celles qui répondent aux points où la tangente devient parallèle aux abscisses; ou, ce qui revient au même, en considérant la courbe comme un polygone d'une infinité de côtés; ce sont les ordonnées qui répondent aux petits côtés parallèles aux abscisses : d'où il suit que l'ordonnée reste la même sur toute l'étendue de ce petit côté, c'est-à-dire, qu'au point du *maximum* ou du *minimum* de cette ordonnée, sa différentielle devient o, quoique celle de l'abscisse ne le soit pas, et qu'on a par conséquent $\frac{dy}{dx} = $ o.

Appliquons ce principe à l'équation proposée; en la différentiant elle nous donnera l'équation imparfaite

$$\frac{dy}{dx} = \frac{3a - 2x}{2y - 2b},$$

c'est donc cette quantité qui doit être égale à o, ce qui donne

$$3a - 2x = 0, \quad \text{ou} \quad x = \tfrac{3}{2}\,a,$$

et par conséquent

$$y = b \pm \tfrac{1}{2}\,a,$$

équations qui, étant dégagées de toute considération de l'infini, sont rigoureusement exactes.

74. *Soit proposé de trouver le* maximum *ou le*

minimum *de la fonction* $ax^3 - bxy^2 + f^2z^2 - gxyz$, *des variables* x, y, z.

Lorsqu'une fonction est parvenue à son *maximum*, elle cesse d'augmenter pour diminuer ensuite, soit que les variables particulières qui y entrent continuent d'augmenter, soit qu'elles diminuent : et lorsqu'elle est parvenue à son *minimum*, elle cesse nécessairement de diminuer pour augmenter ensuite, soit que les variables particulières augmentent, soit qu'elles diminuent. Ainsi dans le cas des *maxima* et des *minima*, la différentielle de la fonction est toujours égale à zéro, quoique les différentielles des variables particulières ne le soient pas.

Pour appliquer ce principe au cas proposé, je suppose d'abord qu'on ait trouvé les valeurs déterminées de y et z qui satisfont à la condition proposée, il ne restera donc plus qu'à déterminer celle de x; ce qui se fera par conséquent en différentiant la fonction proposée relativement à x seulement, égalant à zéro et divisant par dx, ce qui donnera

$$3ax^2 - by^2 - gyz = 0,$$

en appliquant ce même raisonnement aux variables y et z, on aura pareillement

$$2bxy - gxz = 0,$$
$$2f^2z - gxy = 0;$$

équations qui, étant toutes indépendantes de la considération de l'infini, sont rigoureusement exactes. Telles sont donc les trois équations finies auxquelles il faut satisfaire; ce qui ramène la question proposée à l'analyse ordinaire.

Ces trois différentiations successives reviennent évidemment au même que si l'on différentiait la fonction par rapport à toutes les variables à la fois, et qu'on égalât à o le coefficient différentiel de chacune de ces variables.

75. *Soit proposé de trouver le point d'inflexion de la courbe qui a pour équation* $b^2y = ax^2 - x^3$, *si elle en a un.*

Soit ABMN (*fig.* 6) la courbe proposée : que AP soit l'abscisse et MP l'ordonnée, correspondantes au point d'inflexion cherché M. Soit menée une tangente MK à ce point d'inflexion : il est visible que l'angle KMP est un *maximum*, c'est-à-dire plus grand que l'angle LNQ, formé par une autre tangente quelconque NL et l'ordonnée correspondante NQ; donc la tangente trigonométrique de l'angle KMP est aussi un *maximum*. Mais cette tangente trigonométrique est $\frac{dx}{dy}$; donc on doit avoir

$$d \cdot \frac{dx}{dy} = 0.$$

Or, la courbe ayant pour équation

$$b^2 y = ax^2 - x^3,$$

on a

$$\frac{dx}{dy} = \frac{b^2}{2ax - 3x^2};$$

donc on doit avoir

$$d \cdot \frac{b}{2ax - 3x^2} = 0,$$

ce qui donne

$$x = \tfrac{1}{3}\, a;$$

équation qui étant dégagée de toute considération de l'infini, est rigoureusement exacte.

76. *Soit proposé de trouver le rayon du cercle osculateur de la courbe qui a pour équation* $yy = ax$ (*fig.* 7).

Soit une courbe *abcde*F, enveloppée d'un fil, fixé par l'une de ses extrémités à l'un quelconque F des points de cette courbe, plié sur elle, et dont l'autre extrémité soit M. Si l'on conçoit maintenant que ce fil restant toujours tendu se déroule, et que son extrémité M trace une nouvelle courbe M*mm'*; cette nouvelle courbe s'appelle *développante* de la première, et cette première s'appelle la *développée*.

La portion du fil comprise à chaque instant entre la développée et la développante se nomme *rayon de la développée :* ainsi pour le point M de la développante la droite M*b* est ce qu'on nomme le rayon de la développée, *mc* est le rayon de la développée au point *m*; ainsi de suite.

Si l'on considère la développée comme un polygone d'une infinité de côtés *ab*, *bc*, *cd*, etc., les petites portions M*m*, *mm'*, etc. de la développante deviendront de petits arcs de cercle qui auront leurs centres aux points *c*, *d*, etc.; c'est pourquoi les cercles qui ont pour rayons respectifs M*c*, *md*, etc., et dont les petits arcs se confondent avec ceux de la développante, se nomment cercles osculateurs de cette courbe, aux lieux où ils se confondent; ainsi les rayons des cercles osculateurs, que pour cette raison on nomme aussi rayons de courbure, ne sont autre chose que ceux de la développée.

Il s'agit donc de trouver le rayon de la développée pour un point quelconque M de la développante. Or, la grandeur d'un angle étant estimée par l'arc qui en donne la mesure lorsque le rayon est 1, il est clair que l'arc $Mm = Mc.Mcm\ldots(A)$; mais les rayons M*c*, *md*, étant successivement perpendiculaires aux petits arcs M*m*, *mm'*, et par conséquent à leurs tangentes respectives aux points M, *m*, l'angle M*cm*, formé par ces rayons, sera le même que celui que formeraient ces tangentes. Or, il est évident que dans une courbe quelconque, l'angle formé par deux tangentes est égal à l'accroissement que reçoit en passant de l'une à l'autre, l'angle formé par l'ordonnée avec la première de ces tangentes : donc si les deux tangentes sont infiniment proches l'une de l'autre, l'angle qu'elles formeront, et par conséquent aussi l'angle Mcm que formeront les rayons de courbure correspondans Mc, md, sera la différentielle de l'angle formé par la tangente de la courbe et l'ordonnée.

Supposant donc que MT soit la ligne tangente au point M et MP l'ordonnée; si l'on nomme R le rayon de courbure; s l'arc correspondant, x et y les coordonnées, on aura, par l'équation (A) trouvée ci-dessus,

$$ds = \mathrm{R} \cdot d\mathrm{TMP} \ldots \ldots \text{(B)}.$$

Mais la tangente trigonométrique de l'angle TMP est $\frac{dx}{dy}$ (72), et l'on sait (65) que la différentielle d'un angle est égale à la différentielle de sa tangente, multipliée par le carré du cosinus, donc

$$d.\mathrm{TMP} = \cos \mathrm{TMP}^2 \cdot d.\frac{dx}{dy} = \frac{dy^2}{ds^2} d\frac{dx}{dy},$$

donc l'équation (B) devient

$$ds = \mathrm{R}\,\frac{dy^2}{ds^2}\,d\,\frac{dx}{dy},$$

d'où l'on tire

$$\mathrm{R} = \frac{ds^3}{dy^2\,d\,\dfrac{dx}{dy}} \cdots\cdots\cdots (\mathrm{C}).$$

Il s'agit maintenant d'appliquer cette formule générale qui n'est qu'une équation imparfaite au cas proposé, c'est-à-dire, à la courbe qui a pour équation

$$yy = ax.$$

En différentiant cette équation, on a

$$\frac{dx}{dy} = \frac{2y}{a},$$

et par conséquent

$$d\,\frac{dx}{dy} = \frac{2dy}{a};$$

ainsi l'équation (C) devient

$$\mathrm{R} = \frac{ads^3}{2dy^3},$$

ou à cause de

$$ds = \sqrt{dx^2 + dy^2}$$

$$\mathrm{R} = \frac{a.(dx^2 + dy^2)^{\frac{3}{2}}}{2dy^3} = \tfrac{1}{2}\,a\left(\frac{dx^2}{dy^2} + 1\right)^{\frac{3}{2}}.$$

Substituant dans cette équation, imparfaite pour

7

$\frac{dx}{dy}$, sa valeur $\frac{2y}{a}$, et réduisant, on aura

$$R = \frac{4(y^2 + a^2)^{\frac{3}{2}}}{2a^2} = \frac{(4x + a)^{\frac{3}{2}}}{2a^{\frac{1}{2}}};$$

équation qui étant dégagée de toute considération de l'infini, est rigoureusement exacte.

DU CALCUL INTÉGRAL.

77. Il ne faut pas perdre de vue que les quantités infinitésimales ne sont jamais que des quantités auxiliaires, introduites seulement dans le calcul pour faciliter la comparaison des quantités désignées, c'est-à-dire, des quantités dont on veut avoir la relation; et que le but ultérieur qu'on se propose est toujours de les éliminer.

Lorsque cette élimination n'a besoin pour être exécutée, que des transformations ordinaires de l'Algèbre, les opérations se rapportent à ce qu'on nomme *calcul différentiel*. Mais lorsqu'on ne peut obtenir cette élimination que par l'opération inverse de celle qu'on fait pour différentier des quantités proposées, cette opération devient l'objet de ce qu'on nomme *calcul intégral*.

Intégrer une quantité différentielle, c'est retrouver la quantité qui, par sa différentiation, donne cette quantité différentielle proposée.

Mais cette opération inverse est beaucoup plus

difficile que l'opération directe, de même que la division est plus difficile que la multiplication dont elle n'est cependant que l'opération inverse; que l'extraction des racines est plus compliquée que l'élévation des puissances, dont elle est également l'inverse; et qu'enfin la résolution des équations est beaucoup plus difficile que leur composition, puisqu'on n'y parvient même généralement que pour les degrés inférieurs.

Il y a d'ailleurs un grand nombre d'expressions différentielles, telles que $y dx$, qui ne peuvent réellement résulter d'aucune différentiation, et qui par conséquent, ne sauraient s'intégrer : il y en a d'autres qui peuvent être susceptibles d'intégration, mais le moyen d'y parvenir n'est pas encore connu.

78. La quantité qui par sa différentiation produit une différentielle proposée, s'appelle *intégrale* de cette différentielle; parce qu'on la regarde comme ayant été formée par des accroissemens successifs infiniment petits; chacun de ces accroissemens est ce que nous avons appelé la *différentielle* de la quantité croissante, c'en est une fraction; et la somme de toutes ces fractions est la quantité entière que l'on cherche, et que pour cette raison l'on nomme *intégrale* de cette différentielle; c'est par cette même raison que l'on appelle *intégrer* ou *sommer*

une différentielle, chercher l'intégrale ou la somme
de tous les accroissemens successifs infiniment
petits, qui forment la série, dont la différentielle
proposée est à proprement parler le terme général.

79. Une intégrale étant considérée comme la
somme des élémens qu'on nomme *différentielles*,
on est convenu de la désigner dans le calcul par
la caractéristique $\int$ qui est regardée comme l'abréviation des mots *somme de.* Ainsi le signe $\int$ dé-
truit l'effet du signe d, de manière que $\int d\mathrm{X}$, n'est
autre chose que la quantité X elle-même.

Il est évident que deux quantités variables qui
demeurent constamment égales entre elles, augmentent à chaque instant autant l'une que l'autre,
et que par conséquent leurs différentielles sont
égales : et la même chose aurait lieu, quand même
ces deux quantités eussent différé entre elles d'une
autre quantité quelconque, lorsqu'elles ont commencé à varier ; pourvu que cette différence pri-
mitive soit toujours la même, leurs différentielles
seront toujours égales.

Réciproquement, il est clair que deux quantités
variables qui reçoivent à chaque instant des aug-
mentations infiniment petites égales, doivent aussi
demeurer constamment égales entre elles, ou différer toujours de la même quantité, c'est-à-dire,
que les intégrales de deux différentielles qui sont

égales, ne peuvent jamais différer entre elles que d'une quantité constante.

Par la même raison, si deux quantités quelconques sont infiniment peu différentes l'une de l'autre, leurs différentielles différeront aussi entre elles infiniment peu; et réciproquement, si deux quantités différentielles sont infiniment peu différentes l'une de l'autre, leurs intégrales, abstraction faite de la constante, ne peuvent aussi différer l'une de l'autre qu'infiniment peu.

80. C'est sur ces principes qu'est fondée l'application des règles du calcul intégral. Soit, par exemple (*fig.* 8), AMNR, une courbe dont on veuille trouver l'aire; c'est-à-dire, la surface AMP, comprise entre l'arc AM de cette courbe, son abscisse AP, et son ordonnée MP.

Si l'on conçoit que l'abscisse AP ou x, augmente de la quantité infiniment petite PQ ou dx, l'aire cherchée de la courbe augmentera du petit trapèze mixtiligne MNQP; ce petit trapèze sera donc l'élément ou la différentielle de la surface cherchée; ainsi nous aurons d'abord

$$AMP = \int MNQP \ldots . (A).$$

Mais d'un autre côté, en négligeant le petit triangle mixtiligne MNO, qui est évidemment infiniment

petit à l'égard du trapèze, nous aurons pour l'aire
de ce trapèze considéré comme égal au rectangle
MOQP, le produit $y\,dx$ de sa base y par sa hauteur
dx; donc $y\,dx$ diffère infiniment peu de la différentielle de l'aire cherchée. Donc (79) $\int y\,dx$, différera
infiniment peu de $\int$MNQP ou AMP, abstraction
faite de la constante, c'est-à-dire, donc, que

$$\text{AMP} = \int y\,dx + \text{C}\ldots.(\text{B})$$

est ce que j'ai appelé une *équation imparfaite*.

Supposons, par exemple, que la courbe soit une
parabole ordinaire, dont le paramètre soit p, nous
aurons $yy = px$, et en différentiant $2y\,dy = p\,dx$;
donc $dx = \frac{2y\,dy}{p}$; substituant cette valeur dans
l'équation (A), on aura

$$\text{AMP} = \int \frac{2y^{2}\,dy}{p}. + \text{C}.$$

Mais (55)

$$d\,\frac{2y^{3}}{3p} = \frac{2y^{2}\,dy}{p}.$$

Donc réciproquement

$$\int \frac{2y^{2}\,dy}{p} = \int d\,\frac{2y^{3}}{3p} = \frac{2y^{3}}{3p}\ (79).$$

Donc l'équation (B) devient

$$\text{AMP} = \tfrac{2}{3}.\frac{y^{3}}{p} + \text{C},$$

ou à cause de $yy = px$

$$AMP = \tfrac{2}{3}xy + C \ldots (C).$$

Mais cette équation que je n'ai regardée jusqu'à présent que comme une équation imparfaite, se trouve ne renfermer aucune quantité infinitésimale : donc elle est devenue parfaitement rigoureuse ; c'est-à-dire, que l'aire de la parabole est exactement $\tfrac{2}{3}xy + C$.

Il me reste à déterminer la constante C. Pour cela j'observe que l'origine des abscisses étant en A, si nous supposons $x = o$. nous aurons aussi $y = o$. Et comme nous cherchons l'aire totale à compter du point A, nous aurons aussi $AMP = o$. Donc l'équation,

$$AMP = \tfrac{2}{3}xy + C$$

devant avoir lieu, quelle que soit la valeur de x, donne

$$o = o + C, \quad \text{ou} \quad C = o.$$

Donc l'équation qui donne l'aire de la parabole, se réduit à

$$AMP = \tfrac{2}{3}xy.$$

On conçoit par cet exemple, l'usage qu'on peut faire du calcul intégral, et combien il est important de rechercher les moyens de passer des équations différentielles qu'on peut avoir trouvées par l'expression des conditions d'un problème, aux équations intégrales qui peuvent en dériver.

81. Les règles du calcul intégral dérivent nécessairement de celles du calcul différentiel qui en est l'inverse. Le détail de ces règles ne peut être l'objet d'un ouvrage tel que celui-ci. Contentons-nous d'en donner une idée. Considérons d'abord le cas où il n'entre qu'une seule variable dans l'expression différentielle.

Soit proposé d'intégrer le monome $ax^m dx$, je dis qu'on aura

$$\int ax^m dx = \frac{ax^{m+1}}{m+1},$$

abstraction faite de la constante que je sous-entends pour plus de simplicité.

En effet, si l'on différentie $\frac{ax^{m+1}}{m+1}$, suivant la règle prescrite (55), on aura $ax^m dx$. Donc réciproquement l'intégrale de $ax^m dx$ est comme nous l'avons dit, $\frac{ax^{m+1}}{m+1}$. C'est-à-dire donc, qu'en général :

Pour intégrer une différentielle monome à une seule variable il faut 1° *augmenter l'exposant de la variable d'une unité;* 2° *diviser par cet exposant ainsi augmenté de l'unité, et par la différentielle de la variable.*

Cette règle a lieu, soit que l'exposant soit positif ou négatif, entier ou fractionnaire.

Si la différentielle monome avait un radical, il faudrait, pour appliquer la règle précédente, commencer par convertir ce radical en exposant fractionnaire.

82. La règle donnée ci-dessus souffre cependant une exception, dans le cas où l'on a $m = -1$; puisque alors l'intégrale deviendrait $\frac{a}{0}$ quantité infinie. Dans ce cas, la véritable intégrale est $a \log x$, c'est-à-dire qu'on a

$$\int \frac{a\,dx}{x} = a \log x,$$

puisqu'en effet nous avons (64)

$$da \log x = \frac{a\,dx}{x}.$$

Mais il faut remarquer que pour rendre l'intégrale complète, on doit y ajouter une constante C. Ainsi l'on a réellement

$$\int \frac{a\,dx}{x} = a \log x + C.$$

Si l'on veut maintenant que l'intégrale commence lorsqu'on a $x = 0$, c'est-à-dire, si l'on veut que l'intégrale $\int \frac{adx}{x}$ soit o quand x est o, on aura,

$$o = a \log o + C, \quad \text{ou} \quad C = -a \log o,$$

donc, l'intégrale complète sera

$$\int \frac{adx}{x} = a \log x - a \log o = a \log \frac{x}{o},$$

c'est-à-dire, qu'alors l'intégrale complète sera infinie : ce qui explique pourquoi la règle donnée
ci-dessus fait trouver pour $\int ax^m dx$, une quantité
infinie pour le cas où l'on a $m = -1$.

83. Puisque nous savons intégrer un monome
quelconque, nous pourrons intégrer une suite
quelconque de monomes, telle que

$$ax^3 dx + \frac{bx^2 dx}{c} - fdx,$$

car il n'y a qu'à appliquer la règle trouvée, à chacun de ces monomes en particulier. Ainsi, toujours abstraction faite de la constante, nous aurons

$$\int \left(ax^3 dx + \frac{bx^2 dx}{c} - fdx\right) = \frac{ax^4}{4} + \frac{bx^3}{3c} - fx.$$

Il est évident que la même règle s'applique au
cas où il entre dans l'expression différentielle des
quantités complexes, pourvu qu'elles ne se trou-

vent point au dénominateur, et que leur exposant soit un nombre entier et positif; puisque alors il n'y a qu'à exécuter l'opération, c'est-à-dire, élever à la puissance indiquée, pour convertir la fonction en une suite de monomes.

84. La même règle s'applique encore au cas où la fonction proposée, quoique complexe, se trouverait élevée à une puissance quelconque fractionnaire ou négative, pourvu que la totalité des termes qui multiplie cette quantité complexe fût la différentielle de ce qui est sous l'exposant, multipliée par une constante; car pour ramener ce cas au premier, il n'y a évidemment qu'à faire cette quantité complexe égale à une nouvelle variable simple.

Soit, par exemple, proposé d'intégrer la quantité différentielle

$$(a+bx)^m dx,$$

qui contient la fonction complexe $(a+bx)^m$; l'exposant m pouvant être négatif ou fractionnaire : je vois que cette différentielle est intégrable, parce que le facteur dx est la différentielle de la quantité complexe qui est sous l'exposant, multipliée par une constante. En effet, soit

$$(a + bx) = y,$$

en différentiant nous aurons

$$b\,dx = dy, \quad \text{ou} \quad dx = \frac{dy}{b};$$

donc la formule à intégrer devient $\frac{y^m dy}{b}$; dont l'intégrale est $\frac{y^{m-1}}{(m+1)b}$; ou en remettant pour y sa valeur $(a+bx)$, on aura

$$\int (a+bx)^m dx = \frac{(a+bx)^{m+1}}{(m+1)b}.$$

85. Cette application de la règle peut s'étendre à tous les cas où l'exposant de la variable hors du binome, augmenté d'une unité, se trouve divisible par l'exposant de la même variable dans le binome, et donne pour quotient un nombre entier positif.

Soit, par exemple, proposé d'intégrer la quantité différentielle

$$(a + bx^2)^{\frac{4}{5}} \, x^3 dx.$$

Je vois que l'exposant 3 de la variable hors du binome étant augmenté d'une unité devient 4, qui est exactement divisible par l'exposant 2 de la variable dans le binome; et que le quotient est un nombre entier positif. J'en conclus que la différentielle proposée est intégrable; et que pour obtenir cette intégrale cherchée, il n'y a qu'à faire le binome $a + bx^2$ égal à une nouvelle variable. En effet, si l'on suppose $a + bx^2 = y$, et que l'on fasse les opérations indiquées, on trouvera, abstraction faite de la constante,

$$\int (a+bx^2)^{\frac{4}{5}} x^3 dx = \frac{1}{2b^2} (a+bx^2)^{\frac{4}{5}+1}$$

$$\times \left[\frac{5}{14} (a+bx^2) - \frac{5}{9} a \right].$$

86. Lorsque les quantités différentielles à une seule variable ne sont pas comprises dans la règle que nous venons d'expliquer, ou dans les cas qui en dérivent comme on vient de le voir, on tâche de les y ramener par diverses transformations. Lorsqu'on ne peut y réussir, on réduit les expressions proposées en séries, qui forment des suites infinies de monomes, et l'on intègre ainsi par approximation.

Soit maintenant proposé d'intégrer dz cos *z.*

Je dis que l'on aura

$$\int dz \cos z = \sin z + C,$$

C étant la constante qu'on doit ajouter à toute intégrale.

En effet, en différentiant sin $z + C$, suivant la règle prescrite (65), on aura dz cos z; donc réciproquement l'intégrale de

$$dz \cos z \text{ est } \sin z + C.$$

Pareillement on aura, en général,

$$\int dz \, \cos mz = \frac{1}{m} \sin mz + C.$$

Soit proposé d'intégrer dz sin *mz.* On aura

$$\int dz \, \sin mz = -\frac{1}{m} \cos mz + C,$$

car en différentiant cette équation (65), on retombe sur une équation identique.

Soit proposé d'intégrer dz sin z^n. Je remarque que $dz \cos z$ est la différentielle de sin z; donc cette intégration rentre dans la règle générale des monomes, qui donne

$$\frac{1}{n+1} \sin z^{n+1}.$$

87. Considérons maintenant les quantités différentielles qui renferment plusieurs variables.

Puisque pour différentier une fonction qui contient plusieurs variables, il faut différentier successivement, relativement à chacune d'elles, en regardant toutes les autres comme constantes; réciproquement pour intégrer une fonction différentielle à plusieurs variables, il faut d'abord n'en considérer qu'une comme variable, intégrer par conséquent comme si toutes les autres étaient constantes et que leurs différentielles fussent o; l'intégrale ainsi trouvée, on la différentie, par rap-

port à toutes les variables, pour savoir si la différentielle ainsi trouvée est identique avec la proposée. Si elle l'est, l'intégrale est juste, et il n'y a
plus qu'à y ajouter une constante; si elle ne l'est
pas, en ôtant de la proposée celle qu'on a trouvée,
il restera une quantité que l'on intégrera, pour la
joindre avec ce qu'on a déjà.

88. Soit, par exemple, proposé d'intégrer la
différentielle

$$3x^2ydx + x^3dy + 5xy^4dy + y^5dx.$$

J'intègre en regardant x seule comme variable,
et par conséquent comme si y était constante, et
que dy fût égale à o; j'ai par ce moyen $x^3y + y^5x$.
Cette quantité différentiée en faisant varier x et y,
me donne

$$3x^2ydx + y^5dx + x^3dy + 5xy^4dy,$$

qui est la même chose que la proposée. J'en conclus que l'intégrale cherchée est réellement

$$x^3y + y^5x,$$

plus une constante.

Soit proposé d'intégrer,

$$x^3dy + 3x^2ydx + x^2dz + 2xzdx + xdx + y^2dy.$$

J'intègre en regardant x seule comme variable, et

par conséquent dy et dz comme nulles. J'aurai

$$x^3 y + x^2 z + \frac{x^2}{2}.$$

Je différentie maintenant cette quantité en faisant varier $x, y, z,$ et j'ai

$$3x^2 y\,dx + x^3 dy + 2xz\,dx + x^2 dz + x\,dx.$$

Je retranche cette différentielle de la proposée et il me reste $y^2 dy$. Je prends donc l'intégrale de cette dernière quantité, c'est $\frac{y^3}{3}$, que j'ajoute à ce que j'ai déjà trouvé, et j'ai pour l'intégrale complète

$$x^3 y + x^2 z + \frac{x^2}{2} + \frac{y^3}{3} + C,$$

laquelle étant différentiée, redonne, en effet, la quantité différentielle proposée.

89. Puisque les quantités différentielles sont elles-mêmes susceptibles de différentiation, les fonctions dans lesquelles il se trouve des différentielles secondes, troisièmes, etc., peuvent se trouver susceptibles d'intégration. Soit, par exemple, proposé d'intégrer la quantité différentielle du second ordre

$$dx^2 + x\,ddx + a\,ddx - dy^2,$$

dans laquelle dy soit considérée comme constante. En suivant ce qui vient d'être dit ci-dessus, c'est-à-dire, en intégrant comme si ddx seule était variable, achevant l'opération et complétant l'intégrale par l'addition d'une constante Cdy, du même ordre que les autres quantités de la formule, nous aurons

$$xdx + adx - ydy + Cdy,$$

quantité différentielle qui intégrée de nouveau, donne

$$\tfrac{1}{2}x^2 + ax - \tfrac{1}{2}y^2 + Cy + C'.$$

Nous ne nous étendrons pas davantage sur les principes du calcul intégral ; ce que nous venons de dire suffit à notre objet. Nous nous bornerons donc à un petit nombre d'applications, renvoyant pour le surplus de cette vaste science, aux ouvrages des savants auteurs qui en ont traité *ex professo*.

90. *Soit proposé de trouver l'aire de la courbe dont l'équation est*

$$y = (x + a)^{\frac{1}{m}},$$

en supposant pour plus de simplicité les coordonnées rectangulaires.

Pour trouver l'aire d'une courbe, nous la considérons comme formée, en croissant continuellement par l'addition successive des petits trapèzes mixtilignes, compris entre les ordonnées consécutives qui répondent aux accroissemens infiniment petits de l'abscisse, de sorte que le dernier de ces petits trapèzes est la différentielle de l'aire cherchée, et celle-ci, l'intégrale de cette différentielle.

Nommant donc Z l'aire cherchée, dZ sera la valeur du dernier petit trapèze mixtiligne.

Or, d'un autre côté, si nous négligeons le petit triangle mixtiligne compris entre l'arc de la courbe et les petites lignes dx, dy, lequel est visiblement infiniment petit à l'égard de ce trapèze, l'aire de celui-ci se réduira au rectangle qui a pour base y et pour hauteur dx; c'est-à-dire, à ydx.

Donc, pour toute courbe, nous aurons l'équation imparfaite

$$dZ = ydx,$$

et par conséquent aussi

$$Z = \int ydx \dots\dots\dots\dots (A).$$

Mais dans le cas présent, nous avons par hypothèse

$$y = (x + a)^{\frac{1}{m}} :$$

substituant cette valeur de y dans l'équation (A), nous aurons la nouvelle équation imparfaite

$$dZ = (x+a)^{\frac{1}{m}} dx,$$

laquelle étant intégrée donne

$$Z = \frac{m}{m+1} (x+a)^{\frac{m+1}{m}} + C,$$

équation qui étant dégagée de toute considération de l'infini, est rigoureusement exacte.

91. *Soit proposé de rectifier la courbe qui a pour équation*

$$y^3 = ax^2,$$

en supposant les coordonnées rectangulaires.

Pour rectifier une courbe, nous la considérons comme un polygone d'une infinité de côtés, et nous la supposons formée, en croissant continuellement par l'addition successive de ces petits côtés, à mesure que l'abscisse augmente elle-même; de sorte que le dernier de ces petits côtés est la différentielle de l'arc cherché, et celle-ci l'intégrale de cette différentielle.

Nommant donc s l'arc cherché, ds sera le dernier des petits côtés du polygone; et comme ce petit côté est l'hypothénuse du triangle qui a dx et dy pour ses autres côtés, on aura pour toute courbe l'équation imparfaite

$$ds = \sqrt{dx^2 + dy^2};$$

je dis équation imparfaite, parce qu'en considérant la courbe comme un polygone d'une infinité de côtés, on commet une erreur, mais cette erreur peut être supposée aussi petite qu'on le veut : donc on a aussi l'équation imparfaite

$$s = \int \sqrt{dx^2 + dy^2} \ldots \ldots (A).$$

8..

Mais dans le cas présent, nous avons par hypothèse

$$y^3 = ax^2,$$

d'où l'on tire

$$x = \frac{y^{\frac{3}{2}}}{a^{\frac{1}{2}}},$$

et en différentiant

$$dx = \frac{3y^{\frac{1}{2}} \, dy}{2a^{\frac{1}{2}}},$$

donc

$$dx^2 = \frac{9y \, dy^2}{4a}.$$

Substituant cette valeur de dx^2 dans la formule (A), nous aurons

$$s = \int dy \left(\frac{9y}{4a} + 1 \right)^{\frac{3}{2}};$$

exécutant l'opération indiquée et ajoutant une constante, on aura

$$s = \frac{8a}{27} \left(\frac{9y}{4a} + 1 \right)^{\frac{3}{2}} + C,$$

équation qui étant dégagée de toute considération de l'infini, est rigoureusement exacte.

92. *Soit proposé de trouver le volume du paraboloïde formé par la rotation autour de son axe, de la parabole ayant pour équation*

$$yy = px,$$

p exprimant le paramètre.

Pour trouver le volume d'un corps, nous le considérons comme formé en croissant continuellement par l'addition successive des tranches infiniment minces, comprises entre les sections perpendiculaires à l'axe, qui répondent aux accroissemens infiniment petits consécutifs de l'abscisse; de sorte que la dernière de ces tranches est la différentielle du volume cherché, et celui-ci l'intégrale de cette différentielle.

Nommant donc V le volume cherché, dV sera la valeur de la dernière tranche.

Or, d'un autre côté, en négligeant les onglets compris entre la surface extérieure du corps proposé et le petit prisme qui a pour base la plus petite des bases de la tranche, lequel est évidemment infiniment petit à l'égard de cette tranche, celle-ci se réduira à cette plus petite base multipliée par sa hauteur dx. Donc en nommant k cette base, on a pour tous les corps cette équation imparfaite

$$dV = kdx,$$

et par conséquent

$$V = \int kdx \dots \dots (A).$$

Cela posé, dans le cas présent il s'agit d'un solide de révolution, et k est un cercle qui a pour rayon y; donc en nommant ϖ le rapport de la circonférence au diamètre, on aura

$$k = \varpi y^2 \, ;$$

donc l'équation imparfaite (A) devient

$$V = \int \varpi y^2 dx \ldots \ldots \ldots \text{(B)};$$

mais par hypothèse nous avons $y^2 = px$, donc

$$V = \int \varpi p x dx,$$

ou en effectuant l'opération indiquée

$$V = \tfrac{1}{2} \varpi p x^2 + C,$$

ou

$$V = \tfrac{1}{2} \varpi y^2 x + C,$$

équation qui étant entièrement dégagée de toute considération de l'infini, est parfaitement rigoureuse.

Pour déterminer C, il faut fixer le point d'où l'on veut partir pour le volume cherché. Si l'on veut partir du sommet œ l'axe, par exemple, on aura $x = 0$ et $V = 0$, donc alors $C = 0$ et la formule se réduira à

$$V = \tfrac{1}{2} \varpi y^2 . x \, ;$$

c'est-à-dire, que le volume cherché sera égal au produit de la base ϖy^2, par la moitié $\tfrac{1}{2} x$ de la hauteur.

93. *Soit proposé de trouver le centre des*

moyennes distances, ou centre de gravité d'une pyramide.

Pour avoir la distance du centre de gravité de plusieurs corps à un plan donné, il faut multiplier la masse de chacun de ces corps par sa distance au plan donné, et diviser le tout par la somme des masses.

Cela posé, concevons du sommet de la pyramide au centre des moyennes distances de sa base une ligne droite; il est clair que le centre cherché des moyennes distances de la pyramide sera dans cette droite : il reste donc à savoir quelle est la distance de ce centre à la base de cette pyramide, et c'est ce que nous devons trouver d'après le principe établi ci-dessus.

Pour cela, je nomme H la hauteur de la pyramide, B sa base et x la distance du sommet à l'une quelconque des coupes faites parallèlement à cette base.

x venant à augmenter de dx, la petite tranche qui répondra à cette augmentation sera la différentielle du volume de la pyramide.

Or, comme les sections parallèles à la base sont proportionnelles aux carrés des distances au sommet, la section correspondante à la hauteur x sera $\frac{B}{H^2} x^2$, et le volume de la tranche, en négligeant l'onglet comme infiniment petit relativement à cette tranche, sera par conséquent

$$\frac{B}{H^2} x^2 dx ;$$

donc son moment relativement à la base sera

$$\frac{B}{H^2} (H—x)x^2 dx ;$$

donc c'est la somme de ces momens ou l'intégrale de cette quantité différentielle, qu'il faut diviser par le volume de la pyramide pour avoir la distance cherchée du centre des moyennes distances de la pyramide à la base; c'est-à-dire que si l'on nomme Y cette distance, on aura l'équation imparfaite

$$Y = \frac{\int \frac{B}{H^2} (H—x)x^2 dx}{\int \frac{B}{H^2} x^2 dx} ,$$

ou en exécutant les opérations indiquées et réduisant

$$Y = \frac{\int \frac{B}{H^2} (\frac{1}{3} Hx^3 — \frac{1}{4} x^4) + C}{\frac{B}{H^2} \cdot \frac{1}{3} x^3 + C'} ,$$

équation qui, ne contenant plus de quantités infinitésimales, est rigoureusement exacte.

Pour achever la solution, il faut déterminer les constantes C, C'; or comme il s'agit de la pyramide entière, il faut d'abord supposer $x = 0$, alors les deux intégrales deviennent aussi chacune o, on a donc $C = 0$, $C' = 0$: donc l'équation se réduit à

$$Y = \tfrac{1}{4}x \,;$$

et faisant $x = H$ on a pour la pyramide entière

$$Y = \tfrac{1}{4}H \,;$$

c'est-à-dire que le centre cherché des moyennes distances de la pyramide, est sur la droite menée du sommet au centre des moyennes distances de la base, et au quart de cette ligne à partir de cette même base.

94. *Soit proposé de trouver l'équation de la courbe dont la sous-tangente est à l'abscisse dans un rapport donné, c'est-à-dire que* x *étant l'abscisse, la sous-tangente soit* mx *où* m *est supposée constante.*

L'expression générale de la sous-tangente dans une courbe quelconque dont les coordonnées sont x et y est $y\,\dfrac{dx}{dy}$, c'est-à-dire que $y\,\dfrac{dx}{dy}$ diffère infiniment peu de la sous-tangente. Nous avons donc dans le cas présent, l'équation imparfaite

$$mx = y\,\frac{dx}{dy},$$

d'où je tire

$$\frac{dy}{y} = \frac{dx}{mx},$$

et en intégrant

$$\log y = \frac{1}{m} \log x + \log a,$$

a étant une constante.

Multipliant par m et réduisant, on aura

$$\log y^m = \log x + \log a^m,$$

ou

$$\log y^m = \log a^m x,$$

ou enfin

$$y^m = a^m x;$$

équation qui étant dégagée de toute considération de l'infini, est rigoureusement exacte.

DU CALCUL DES VARIATIONS.

95. Le calcul des variations est l'une des plus brillantes conceptions de notre immortel Lagrange. L'objet principal de ce calcul est de résoudre d'une manière générale les fameuses questions de *maximis* et *minimis,* qui occupèrent si long-temps les premiers géomètres de l'Europe, peu après l'invention du calcul infinitésimal.

Euler avait déjà traité ces questions avec sa profondeur et sa clarté ordinaires, dans un ouvrage à part, intitulé : *Methodus inveniendi lineas curvas maximâ minimâve proprietate gaudentes*. Mais c'est à Lagrange qu'on doit l'algorithme qui a donné à cette belle théorie un caractère propre, et une marche uniforme et simple autant que possible.

Dans les questions ordinaires de *maximis* et *minimis,* il s'agit de trouver les valeurs déterminées qu'on doit attribuer aux diverses variables qui entrent dans telle ou telle fonction finie proposée de ces mêmes variables, pour que cette fonction obtienne la plus grande ou la plus petite valeur possible.

Dans le calcul des variations, au contraire, ce sont les relations mêmes qui existent entre les variables, qu'il s'agit de trouver, c'est-à-dire les équations qui doivent avoir lieu entre ces variables, pour satisfaire à la condition du *maximum* ou du *minimum.* De plus, la fonction qui doit être un *maximum* ou un *minimum,* n'est pas, comme dans les questions ordinaires, uniquement composée de quantités finies, mais elle doit être l'intégrale seulement indiquée, d'une fonction différentielle qui n'est pas susceptible d'intégration.

96. Qu'il soit question, par exemple, de tracer sur un plan, *fig.* 9, entre deux points A, D, une courbe telle, que AK étant l'axe et DK l'ordon-

née menée du point D perpendiculairement à cet axe, l'aire comprise entre la courbe et les coordonnées AK, DK, soit un *maximum* parmi toutes les courbes de même longueur.

Quoique ce problème appartienne à la théorie générale des *maximis* et *minimis,* on voit cependant qu'il est d'une nature bien différente de ceux dont nous avons parlé (73), car il ne s'agit point ici de trouver les valeurs déterminées AK, DK de x et y qui satisfassent à la question proposée, puisque ces valeurs sont déjà données; mais il s'agit de trouver la nature même de cette courbe, c'est-à-dire l'équation générale qui doit avoir lieu pour tous ses points entre les coordonnées.

L'aire comprise entre cette courbe, quelle qu'elle puisse être, et les coordonnées extrêmes AK, DK, est $\int y dx$: c'est donc cette intégrale simplement indiquée, qui doit être un *maximum*. Ainsi dans cette espèce de questions, c'est comme nous l'avons dit ci-dessus, l'intégrale d'une certaine quantité différentielle non intégrable, qui doit être un *minimum,* et il s'agit de trouver la relation qui doit exister entre les variables pour satisfaire à cette condition.

97. Cependant, le principe général est toujours le même que pour les questions ordinaires des *maximis* et *minimis;* c'est-à-dire, que quand la

quantité qui doit devenir un *maximum*, par
exemple, est parvenue à ce terme, elle ne peut
plus augmenter. En approchant de ce terme, elle
augmente de moins en moins, jusqu'à ce qu'elle
l'ait atteint ; alors elle devient comme stationnaire,
pour commencer ensuite insensiblement à diminuer ; de sorte qu'à cet état de *maximum*, la
quantité peut être considérée comme constante,
ou ayant pour différentielle o, quoique celles des
quantités variables dont elle est fonction ne le
soient pas. Donc si la forme de la courbe venait
à varier infiniment peu pour devenir AM′N′D,
et qu'on désignât les nouvelles coordonnées par
x', y' ; l'aire $\int y' dx'$ pourrait être considérée comme
égale à $\int y dx$; ou, ce qui revient au même, l'accroissement que prend $\int y dx$ pour devenir $\int y' dx'$
doit être supposé égal à o, lorsque la relation de x
à y est celle qui convient au *maximum* cherché.
Or, c'est cet accroissement qu'on nomme la *variation* de $\int y dx$, comme on va le dire.

98. Soit donc AM′N′R′D une courbe quelconque infiniment peu différente de la première : si
l'on considère cette nouvelle courbe, comme la
courbe même AMNRD, qui subit une transformation infiniment petite, nous pourrons regarder
chaque point M′ de la transformée comme un
point M de l'autre qui a passé de M en M′, de sorte

que chacun des points de la nouvelle courbe a son correspondant dans la première. Cela posé, l'accroissement que reçoit dans ce changement chacune des quantités qui entrent dans le système, lorsqu'il passe de son premier état au second, se nomme *variation* de cette quantité. Ainsi, par exemple, la variation de MP est M'P' — MP, celle NQ est N'Q' — NQ, celle de la courbe entière est

$$AM'N'R'D - AMNRD,$$

celle de sa surface est

$$AM'N'R'DKA - AMNRDKA,$$

ainsi des autres.

99. Quoique la variation d'une quantité soit la différence de deux valeurs infiniment peu différentes de la même quantité, il ne faut pas la confondre avec sa différentielle : car celle-ci est la différence de deux valeurs consécutives prises sur la même courbe, au lieu que la variation est la différence des deux valeurs prises d'une courbe à l'autre : ainsi, par exemple, la différentielle de l'abscisse est AQ — AP, tandis que sa variation est AP' — AP; la différentielle de l'ordonnée est NQ—MP, tandis que sa variation est M'P'--MP, etc.

Pour ne pas confondre ces deux espèces de différences, on désigne la nouvelle espèce, c'est-à-dire, la variation, par la caractéristique δ, tandis que la différentielle a pour caractéristique d. Ainsi $PQ = dx$, tandis que $PP' = \delta x$, $NQ - MP = dy$, tandis que $M'P' - MP = \delta y$, etc.

Lorsqu'on passe du point M au point N sur la première courbe, on passe du point M' au point N' sur la seconde : ainsi PQ étant la différentielle de x, c'est-à-dire la quantité dont x augmente, lorsqu'on passe de M à N; P'Q' sera la différentielle de AP', c'est-à-dire la quantité dont AP' ou $x + \delta x$ augmente en même temps. De même $N'Q' - M'P'$ est la différentielle de M'P' ou de $y + \delta y$.

100. Les variations ne sont, ainsi que les différentielles, introduites dans le calcul que comme de simples auxiliaires, pour aider à découvrir la relation qui doit réellement exister entre les coordonnées de la première courbe. Il faudra donc s'attacher à éliminer toutes ces variations, après les avoir introduites, afin qu'il ne reste plus que la relation cherchée entre les coordonnées; ou si l'on veut, entre ces coordonnées d'abord et leurs différentielles, et ensuite par voie d'intégration ou autrement, entre les seules ordonnées et les constantes qui composent le système des quantités désignées.

101. Nous avons déjà remarqué que les com-

binaisons de l'analyse en général, sont fondées sur les divers degrés d'indétermination dont jouissent les quantités mêlées ensemble dans un même calcul. On en a ici un nouvel exemple. Car les variations sont des quantités encore plus indéterminées que les différentielles, déjà elles-mêmes, comme on l'a vu, plus indéterminées que les simples variables.

En effet, lorsque l'on conçoit que la nature d'une courbe vient à changer infiniment peu, on regarde toujours la première courbe comme un terme fixe, auquel on la rapporte dans ses divers états successifs. Les petits changemens opérés s'expriment par le moyen des variations que subissent les coordonnées et autres quantités du système, et ces variations peuvent être supposées aussi petites qu'on le veut, sans rien changer au système désigné, tandis que celui qui est donné par les variations, est un système auxiliaire qui s'approche continuellement du premier, jusqu'à en différer aussi peu qu'on le veut.

Les différentielles sont assujéties à la loi prescrite par la relation des coordonnées, au lieu que la loi qui lie les variations à ces coordonnées est arbitraire, d'où il suit que quoique les unes et les autres soient de simples auxiliaires, ces dernières sont plus indéterminées que les premières, puisqu'elles pourraient changer encore, quand même on regarderait celles-ci comme fixes.

102. Si l'on suppose que x soit l'une des variables, et x' la quantité infiniment peu différente qui lui correspond dans le nouveau système, ($x'-x$) sera la quantité infiniment petite dont x aura augmenté pour devenir x', et par conséquent ce que nous avons appelé la variation de x, ou δx. Il est donc évident que pour trouver la variation d'une fonction quelconque de x, il n'y aura qu'à y substituer ($x+\delta x$), au lieu de x, puis en retrancher la première fonction; procédé qui étant absolument le même que celui de la différentiation, montre qu'il n'y a de différence entre la variation et la différentielle, que dans la caractéristique qui est δ pour la première, et d pour la seconde.

103. Les règles étant entièrement les mêmes pour les deux calculs, sauf les caractéristiques, il est clair que la variation de dx est δdx, et que réciproquement la différentielle de δx est $d\delta x$. Mais avec un peu d'attention, nous reconnaîtrons facilement que ces deux quantités δdx et $d\delta x$ sont les mêmes et ne diffèrent que par leurs formes, c'est-à-dire, qu'on a nécessairement

$$\delta dx = d\delta x.$$

En effet, nous avons quatre systèmes de quan-

9

tités à comparer, savoir, 1° le système qui répond au point M; 2° le système qui répond au point N et auquel on passe du premier par différentation; 3° le système qui répond au point M′ et auquel on passe du premier par variation; 4° le système qui répond au point N′ et auquel on passe, soit du second répondant au point N par variation, soit du troisième répondant au point M′ par différentiation.

Or la valeur de la variable qui répond au premier de ces quatre systèmes, c'est-à-dire au système désigné, est x par hypothèse; celle qui répond au second est $(x + dx)$; celle qui répond au troisième est $(x + \delta x)$, et enfin celle qui répond au quatrième est, suivant la route qu'on prend pour y parvenir, ou

$$(x + dx) + \delta(x + dx),$$

ou

$$(x + \delta x) + d(x + \delta x).$$

Ces deux dernières quantités expriment donc la même chose ; savoir, la valeur de la variable x dans le quatrième système ; ces deux quantités sont donc égales, c'est-à-dire qu'on a

$$(x + dx) + \delta(x + dx) = (x + \delta x) + d(x + \delta x);$$

exécutant les opérations indiquées, on aura

$$x + dx + \delta x + \delta dx = x + \delta x + dx + d\delta x,$$

et réduisant

$$\delta dx = d\delta x.$$

C'est-à-dire, que *la variation de la différentielle d'une quantité quelconque, est toujours égale à la différentielle de la variation :* proposition qui est l'un des principes fondamentaux du calcul des variations.

104. Un autre principe qui dérive du premier et qui est également fondamental, est que *la variation de l'intégrale d'une quantité quelconque différentielle, est égale à l'intégrale de la variation ;* c'est-à-dire, qu'en général,

$$\delta \int P = \int \delta P,$$

P exprimant une fonction quelconque différentielle de diverses variables, telles que x, y, z, etc. et de leurs différentielles.

En effet, soit

$$\int P = U ;$$

en différentiant on aura

$$P = dU,$$

et prenant les variations,

$$\delta P = \delta dU,$$

9..

ou, d'après le principe établi ci-dessus,

$$\delta P = d\delta U;$$

intégrant alors on aura

$$\int\delta P = \delta U,$$

ou remettant pour U sa valeur,

$$\int\delta P = \delta\int P.$$

105. Maintenant soit proposé de trouver la variation d'une formule intégrale indéfinie $\int V dx$; c'est-à-dire, de trouver $\delta\int V dx$, ou plutôt de donner à cette expression une forme qui la dispose à être dégagée du signe auxiliaire δ, lequel est toujours celui qu'on doit tendre à faire disparaître le premier.

D'après le second principe fondamental, nous aurons,

$$\delta\int V dx = \int\delta(V dx) = \int dx\delta V + \int V \delta dx,$$

ou par le premier principe,

$$\delta\int V dx = \int dx\delta V + \int V d\delta x \ldots (A);$$

mais

$$d(V\delta x) = dV\delta x + V d\delta x,$$

ou en intégrant et transposant

$$\int V d\delta x = V\delta x - \int dV\delta x.$$

Substituant cette valeur de $\int V d\delta x$ dans l'équation (A), elle deviendra

$$\delta \int V dx = V\delta x + \int dx \delta V - \int dV \delta x,$$

ou

$$\delta \int V dx = V\delta x + \int (dx \delta V - dV \delta x)\ldots(B),$$

équation que suivant la nature de la fonction V, on achèvera de dégager du signe δ de la variation, ce qui ramènera le problème aux procédés ordinaires des calculs différentiel et intégral.

CHAPITRE III.

*Des Méthodes par lesquelles on peut suppléer
à l'analyse infinitésimale.*

---

106. Il est plusieurs manières de résoudre les
questions qui sont du ressort de l'analyse infinitésimale; et quoiqu'il n'y en ait aucune qui paraisse
réunir les mêmes avantages, il n'en est pas moins
intéressant de connaître quels sont les différens
points de vue sous lesquels les principes de cette
théorie peuvent être envisagés : c'est pourquoi je
me propose ici de jeter un coup d'œil sur les diverses méthodes qui s'y rapportent, et qui même
pourraient la suppléer.

DE LA MÉTHODE D'EXHAUSTION.

107. La méthode d'exhaustion était celle dont
se servaient les anciens dans leurs recherches
difficiles, et particulièrement dans la théorie des
lignes et surfaces courbes, et dans l'évaluation des
aires et des volumes qu'elles renferment. Comme
ils n'admettaient que des démonstrations parfaitement rigoureuses, ils ne croyaient pas pouvoir

se permettre de considérer les courbes comme
des polygones d'un grand nombre de côtés; mais
lorsqu'ils voulaient découvrir les propriétés de
l'une d'entre elles, ils la regardaient comme le
terme fixe dont les polygones inscrits et circonscrits, approchent continuellement et autant qu'on
le veut, à mesure qu'on augmente le nombre de
leurs côtés. Par là ils épuisaient en quelque sorte
l'espace compris entre ces polygones et la courbe,
ce qui, sans doute, a fait donner à cette marche
le nom de *méthode d'exhaustion.*

Comme ces polygones terminés par des lignes
droites étaient des figures connues, leur rapprochement continuel de la courbe donnait de celle-ci
une idée de plus en plus précise, et la loi de continuité servant de guide, on pouvait enfin parvenir
à la connaissance exacte de ses propriétés.

Mais il ne suffisait pas aux géomètres d'avoir
reconnu et comme deviné ces propriétés; il fallait
les vérifier d'une manière incontestable, et c'est
ce qu'ils faisaient en prouvant que toute supposition contraire à l'existence de ces mêmes propriétés, conduisait nécessairement à quelque contradiction; c'est pourquoi ils nommaient ce genre
de démonstrations, *réduction à l'absurde.*

108. C'est ainsi qu'ayant d'abord établi que les
aires des polygones semblables, sont entre elles

comme les carrés de leurs lignes homologues, ils en ont conclu que les cercles des différens rayons sont entre eux comme les carrés de ces rayons : ce qui est la seconde proposition du douzième livre d'Euclide. L'analogie les a conduits à cette conclusion, en imaginant dans ces cercles, des polygones réguliers inscrits d'un même nombre de côtés. Car, comme en augmentant tant qu'on veut le nombre de ces côtés, leurs aires demeurent toujours entre elles comme les carrés des rayons des cercles circonscrits, ils ont facilement aperçu que la même chose devait nécessairement avoir lieu, pour les cercles mêmes dont ces polygones approchent de plus en plus, jusqu'à en différer aussi peu qu'on le veut; mais cela ne suffisait pas : il fallait démontrer rigoureusement que la chose était réellement ainsi; et c'est ce qu'ils ont fait, en montrant que toute supposition contraire fait nécessairement tomber dans une absurdité.

Les anciens ont démontré de la même manière, que les volumes des sphères sont entre eux comme les cubes de leurs diamètres; que les pyramides de même hauteur sont comme leurs bases, que le cône est le tiers d'un cylindre de même base et de même hauteur.

Souvent, pour mieux discuter leur objet, les anciens faisaient intervenir tout-à-la-fois comme auxiliaires, les polygones inscrits et les polygones

circonscrits, qu'ils comparaient les uns aux autres. Par là ils resserraient de plus en plus la
courbe comprise entre ces figures rectilignes, et
saisissaient plus facilement les propriétés de cette
grandeur moyenne.

109. Ils en usaient de même à l'égard des surfaces courbes et des volumes des corps. Ils les
imaginaient tout-à-la-fois inscrits et circonscrits
à d'autres surfaces, dont ils augmentaient graduellement le nombre des côtés et des zones, de manière à resserrer de plus en plus entre les unes
et les autres, la surface proposée. La loi de continuité leur indiquait encore les propriétés de cette
figure moyenne, et ils les vérifiaient par la réduction à l'absurde, en s'assurant par une démonstration rigoureuse, que toute supposition contraire
menait infailliblement à quelque contradiction.

C'est de cette manière qu'Archimède a démontré
que la surface convexe d'un cône droit, est égale
à l'aire du cercle qui a pour rayon la moyenne
proportionnelle, entre le côté du cône et le rayon
du cercle de la base ; que l'aire totale de la sphère
est quadruple d'un de ses grands cercles, et que
celle d'une quelconque de ses zones, est égale à
la circonférence du grand cercle, multipliée par
la hauteur de cette zone.

C'était encore par la réduction à l'absurde que

les anciens étendaient aux quantités incommensu-
rables les rapports qu'ils avaient découverts entre
les quantités commensurables. Cette doctrine est
certainement très belle et très précieuse; elle porte
avec elle le caractère de la plus parfaite évidence,
et ne permet pas qu'on perde son objet de vue :
c'était la méthode d'invention des anciens, elle
est encore très utile aujourd'hui, parce qu'elle
exerce le jugement, qu'elle accoutume à la rigueur
des démonstrations, et qu'elle renferme le germe
de l'analyse infinitésimale. Il est vrai qu'elle exige
quelque contention d'esprit; mais la méditation
n'est-elle pas indispensable à tous ceux qui veulent pénétrer dans la connaissance des lois de la
nature, et n'est-il pas nécessaire d'en contracter
l'habitude de bonne heure, pourvu qu'on n'y sa-
crifie pas un temps trop considérable ?

110. En observant avec attention les procédés
de cette méthode d'exhaustion, on voit qu'ils se
réduisent toujours à faire intervenir des quantités
auxiliaires dans la recherche des propriétés ou
des relations de celles qui sont proposées : celles-
ci sont considérées comme les termes extrêmes
dont les premières sont supposées s'approcher
continuellement, et la loi de continuité qu'elles suivent dans ce rapprochement, indique les modifications par lesquelles on peut passer des propriétés

connues de ces auxiliaires, aux propriétés jusque alors inconnues des quantités proposées.

C'est ainsi qu'on applique la méthode d'exhaustion à la recherche des propriétés des courbes, au
moyen des polygones inscrits et circonscrits, qui
sont des systèmes auxiliaires de quantités connues, lesquels se rapprochant graduellement de
la courbe proposée, font connaître par la loi de
continuité qu'elles observent dans ce rapprochement, et par leur analogie qui devient de plus en
plus intime avec cette courbe, les affections et
propriétés de cette dernière.

111. La méthode d'exhaustion a donc essentiellement le même but, et suit dans sa marche
les mêmes principes que l'analyse infinitésimale.
C'est toujours le même système auxiliaire de quantités connues, lié d'une part à celui que l'on cherche à connaître, tandis que d'une autre part, il
reste à ce système assez d'arbitraire pour qu'on
puisse à volonté le rapprocher par degrés du système proposé ; ce qui fait connaître par induction
les relations cherchées. Il ne reste plus alors, qu'à
constater la certitude de ces relations, et c'est ce
qu'on obtient par la réduction à l'absurde.

112. Newton fit faire à cette doctrine un grand
pas vers la perfection, au moyen de sa théorie des

premières et dernières raisons, qui sont précisément celles que fait connaître la loi de continuité dans le rapprochement graduel du système auxiliaire avec le système désigné. Par cette nouvelle théorie, il étendit les principes de la méthode d'exhaustion, et simplifia ses procédés, en la débarrassant de la nécessité qu'elle s'était imposée, de constater toujours par la réduction à l'absurde, l'exactitude des relations qu'elle parvient à découvrir, et en prouvant que ces relations sont suffisamment établies, par le mode même employé pour les obtenir. C'est ce qu'annonce, en effet, Newton, en terminant l'exposé de cette théorie. « J'ai commencé, dit-il, par ces lemmes, pour évi- » ter de déduire de longues démonstrations par » l'absurde, selon la méthode des anciens géomè- » tres. »

Ce grand homme fit faire dans la suite, un second pas bien plus considérable encore à cette doctrine, en réduisant sa méthode des premières et dernières raisons elle-même, en un algorithme régulier, par son calcul des fluxions. Au moyen de ce calcul, il introduisit dans l'analyse algébrique, non pas seulement ces premières et dernières raisons, mais encore leurs termes séparément pris, c'est-à-dire, isolément le numérateur et le dénominateur de la fraction qui représente chacune d'elles; modification de la plus haute im-

portance, à cause des nouveaux moyens de transformation qu'elle fournit. C'est sur quoi nous re-
viendrons plus loin : mais Newton n'eut pas seul
cette gloire, il la partagea avec Leibnitz, qui même
eut l'avantage de publier son algorithme le premier, et qui ayant été puissamment secondé par
d'autres géomètres célèbres qui embrassèrent aussitôt sa méthode, lui fit faire avec eux des progrès
beaucoup plus rapides, que ne put en faire, dans
le même temps, le calcul des fluxions.

DE LA MÉTHODE DES INDIVISIBLES.

113. Cavalerius fut le précurseur des savans
auxquels nous devons l'analyse infinitésimale; il
leur ouvrit la carrière par sa *Géométrie des indivisibles.*

Dans la méthode des'indivisibles, on considère
les lignes comme composées de points, les surfaces comme composées de lignes, les volumes
comme composés de surfaces.

Ces hypothèses sont absurdes certainement,
et l'on ne doit les employer qu'avec circonspec-
tion; mais il faut les regarder comme des moyens
d'abréviation, au moyen desquels on obtient
promptement et facilement, dans beaucoup de
cas, ce qu'on ne pourrait découvrir que par des
procédés longs et pénibles, en suivant strictement

la méthode d'exhaustion. S'agit-il, par exemple, de montrer que deux pyramides de même base et de même hauteur sont aussi de mêmes volumes? On les regarde comme composées l'une et l'autre d'une infinité de surfaces planes également distantes, qui en sont les élémens : or, comme ces élémens sont égaux chacun à chacun, et que leur nombre est le même de part et d'autre, on en conclut que les volumes des pyramides qui sont les sommes respectives de ces élémens, sont égaux entre eux.

114. Soit AB (*fig.* 10) le diamètre d'un demi-cercle AGB; soit ABFD le rectangle circonscrit, CG le rayon perpendiculaire à DF; soient de plus menées les deux diagonales CD, CF, et enfin par un point quelconque *m* de la droite AD, soit menée la droite *mnpg* perpendiculaire à CG, laquelle coupera la circonférence au point *n*, et la diagonale CD au point *p*.

Concevons que toute la figure tourne autour de CG comme axe, le quart de cercle ACG engendrera le volume de la sphère dont le diamètre est AB, le rectangle ADCG engendrera le cylindre droit circonscrit, c'est-à-dire ayant même diamètre; le triangle isocèle rectangle CGD engendrera un cône droit ayant les lignes égales CG, DG, pour hauteur et pour rayon de sa base; et enfin les trois droites ou segmens de droite *mg*, *ng*, *pg*, engendreront chacune un cercle dont le centre sera au point *g*.

Or, le premier de ces trois cercles est l'élément du cylindre, le second est l'élément de la demi-sphère et le troisième du cône.

De plus, les aires de ces cercles étant comme les carrés de leurs rayons, et ces trois rayons pouvant visiblement former l'hypothénuse et les deux petits côtés d'un triangle rectangle ; il est clair que le premier de ces cercles est égal à la somme des deux autres : c'est-à-dire, que l'élément du cylindre est égal à la somme des élémens correspondans de la demi-sphère et du cône, et comme il en est de même de tous les autres élémens, il s'ensuit que le volume total du cylindre, est égal à la somme du volume total de la demi-sphère et du volume total du cône.

Mais on sait d'ailleurs que le volume du cône est le tiers de celui du cylindre ; donc celui de la sphère en est les deux tiers : donc le volume de la sphère entière est les deux tiers du volume du cylindre circonscrit, ainsi que l'a découvert Archimède.

115. Cavalerius avertit bien positivement, que sa méthode n'est autre chose qu'un corollaire de la méthode d'exhaustion ; mais il avoue qu'il ne

saurait en donner une démonstration rigoureuse.
Les grands géomètres qui le suivirent en saisi-
rent bientôt l'esprit; elle fut en grande vogue
parmi eux, jusqu'à la découverte des nouveaux
calculs, et ils ne tinrent pas plus de compte des
objections qui s'élevèrent contre elle alors, que
les Bernoulli n'en ont tenu de celles qui se sont
élevées depuis contre l'analyse infinitésimale.
C'est à cette méthode des indivisibles que Pascal et
Roberval durent le succès de leurs profondes recherches sur la cycloïde, et voici comment le premier de ces auteurs fameux, s'exprime à ce sujet.

« J'ai voulu faire cet avertissement, pour
» montrer que tout ce qui est démontré par les
» véritables règles des indivisibles, se démon-
» trera aussi à la rigueur et à la manière des
» anciens; et qu'ainsi l'une de ces méthodes ne
» diffère de l'autre qu'en la manière de parler :
» ce qui ne peut blesser les personnes raison-
» nables, quand on les a une fois averties de
» ce qu'on entend par là. Et c'est pourquoi je
» ne ferai aucune difficulté dans la suite d'user
» de ce langage des indivisibles, *la somme des*
» *lignes* ou *la somme des plans ;* je ne ferai
» aucune difficulté d'user de cette expression,
» *la somme des ordonnées,* ce qui semble ne pas
» être géométrique, à ceux qui n'entendent pas

» la doctrine des indivisibles, et qui s'imaginent
» que c'est pécher contre la Géométrie, que
» d'exprimer un plan par un nombre indéfini de
» lignes; ce qui ne vient que de leur manque
» d'intelligence, puisqu'on n'entend autre chose
» par là, sinon la somme d'un nombre indéfini de
» rectangles, faits de chaque ordonnée avec
» chacune des petites portions égales du dia-
» mètre, dont la somme est certainement un
» plan. De sorte que quand on parle de *la*
» *somme d'une multitude indéfinie de lignes,*
» on a toujours égard à une certaine droite,
» par les portions égales et indéfinies de laquelle
» elles soient multipliées.

    » En voilà certainement plus qu'il n'était né-
» cessaire, pour faire entendre que le sens de
» ces sortes d'expressions, *la somme des lignes,*
» *la somme des plans,* etc., n'a rien que de
» très conforme à la pure Géométrie. »

    116. Ce passage est remarquable, non-seule-
ment en ce qu'il prouve que les géomètres savaient
très bien apprécier le mérite de la méthode des
indivisibles, mais encore en ce qu'il prouve que
la notion de l'infini mathématique, dans le sens
même qu'on lui attribue aujourd'hui, n'était point
étrangère à ces géomètres ; car il est clair par ce
qu'on vient de citer de Pascal, qu'il attachait au

mot *indéfini* la même signification que nous atta-
chons au mot *infini,* qu'il appelait simplement
petit ce que nous appelons *infiniment petit,* et
qu'il négligeait sans scrupule ces petites quantités
vis-à-vis des quantités finies : car on voit que
Pascal regardait comme de simples rectangles les
trapèzes ou petites portions de l'aire de la courbe
comprises entre deux ordonnées consécutives,
négligeant par conséquent les petits triangles mixtilignes qui ont pour bases les différences de ces
ordonnées. Cependant personne n'a été tenté de
reprocher à Pascal son défaut de sévérité.

Roberval emploie continuellement les expressions même d'*infini* et d'*infiniment petit,* dans
le sens qu'on leur donne aujourd'hui, et il dit
formellement qu'on doit négliger les quantités
infiniment petites vis-à-vis des quantités finies,
et celles-ci vis-à-vis des quantités infinies.

On savait donc dès ce temps-là que la méthode
des indivisibles, et toutes celles du même genre
qu'on pourrait imaginer, n'étaient autre chose
que des formules d'abréviation, très utiles pour
éluder les longueurs de la méthode d'exhaustion,
sans nuire en aucune manière à l'exactitude de
ses résultats.

Les géomètres qui sont venus ensuite en
usaient de même depuis long-temps, lorsque les
calculs différentiel et intégral furent imaginés.

Il n'est donc pas étonnant que Leibnitz ne se soit pas attaché à démontrer rigoureusement un principe qui était généralement regardé comme un axiome. Les objections ne se sont élevées contre ce principe que quand il a été réduit en algorithme, comme si l'on avait regretté que les routes scientifiques jusqu'alors si difficiles à parcourir, eussent été tout d'un coup aplanies et rendues accessibles à tout le monde. Je termine ces observations par un ou deux exemples.

117. L'algèbre ordinaire enseigne à trouver la somme d'une suite quelconque de termes pris dans la série des nombres naturels ; la somme de leurs carrés, celle de leurs cubes, etc., et cette connaissance fournit à la géométrie des indivisibles le moyen d'évaluer l'aire d'un grand nombre de figures rectilignes et curvilignes, et les volumes d'un grand nombre de corps.

Soit par exemple un triangle : abaissons de son sommet sur la base une perpendiculaire, partageons cette perpendiculaire en une infinité de parties égales, et menons par chacun des points de division une droite parallèle à la base, et qui soit terminée par les deux autres côtés du triangle.

Suivant les principes de la géométrie des indivisibles, nous pouvons considérer l'aire du triangle comme la somme de toutes les parallèles qui

10..

en sont regardées comme les élémens; or, par la propriété du triangle, ces droites sont proportionnelles à leurs distances du sommet, donc la hauteur étant supposée divisée en parties égales, ces parallèles croissent en progression arithmétique ou par différence, dont le premier terme est zéro.

Mais dans toute progression par différence dont le premier terme est zéro, la somme de tous les termes est égale au dernier multiplié par la moitié du nombre de ces termes. Or, ici la somme des termes est représentée par l'aire du triangle, le dernier terme par la base, et le nombre des termes par la hauteur. Donc l'aire de tout triangle est égale au produit de sa base par la moitié de sa hauteur.

118. Soit une pyramide : abaissons une perpendiculaire de son sommet sur la base, partageons cette perpendiculaire en une infinité de parties égales, et par chaque point de division faisons passer un plan parallèle à la base de cette pyramide.

Suivant les principes de la géométrie des indivisibles, l'intersection de chacun de ces plans par le volume de la pyramide sera un des élémens de ce volume, et celui-ci ne sera autre chose que la somme de tous ces élémens.

Mais par les propriétés de la pyramide, ces élémens sont entre eux comme les carrés de leurs distances au sommet. Nommant donc B la base de la pyramide, H sa hauteur, b l'un quelconque des élémens dont nous venons de parler, h sa distance au sommet et V le volume de la pyramide, on aura

$$\text{B} : b :: \text{H}^2 : h^2,$$

donc

$$b = \frac{\text{B}}{\text{H}^2} \, h^2.$$

Donc V qui est la somme de tous ces élémens, est égale à la constante $\frac{\text{B}}{\text{H}^2}$ multipliée par la somme des carrés h^2; et puisque les distances h croissent en progression par différence dont le premier terme est zéro et le dernier H, c'est-à-dire comme les nombres naturels depuis o jusqu'à H, les quantités h^2 représenteront leurs carrés depuis o jusqu'à H^2.

Or l'algèbre ordinaire nous apprend que la somme des carrés des nombres naturels depuis o jusqu'à H^2 inclusivement est

$$\frac{2\text{H}^3 + 3\text{H}^2 + \text{H}}{6}.$$

Mais ici le nombre H étant infini, tous les termes qui suivent le premier dans le numérateur disparaissent vis-à-vis de ce premier terme : donc cette somme des carrés se réduit à $\frac{1}{3}H^3$.

Multipliant donc cette valeur par la constante $\frac{B}{H^2}$ trouvée ci-dessus, on aura pour le volume cherché

$$V = \tfrac{1}{3}BH \,;$$

c'est-à-dire, que le volume de la pyramide est le tiers du produit de sa base par sa hauteur.

On prouve par une marche semblable, qu'en général, l'aire de toute courbe qui a pour équation

$$ay^m = x^n,$$

est $\frac{m}{m+n}$. XY; Y représentant la dernière ordonnée, X l'abscisse qui lui répond, m, n des exposans quelconques, entiers, fractionnaires, positifs ou négatifs.

Ainsi, la méthode des indivisibles supplée à certains égards au calcul intégral; on peut la regarder comme répondant à l'intégration des monomes, ce qui était certainement une grande découverte du temps de Cavalerius.

DE LA MÉTHODE DES INDÉTERMINÉES.

119. Il me semble que Descartes, par sa méthode des indéterminées, touchait de bien près à

l'analyse infinitésimale, ou plutôt il me semble que l'analyse infinitésimale n'est autre chose qu'une heureuse application de la méthode des indéterminées.

Le principe fondamental de la méthode des indéterminées, ou des coefficiens indéterminés, consiste en ce que si l'on a une équation de cette forme

$$A + Bx + Cx^2 + Dx^3 + \text{etc.} = o,$$

dans laquelle les coefficiens A, B, C, etc. soient des constantes, et x une quantité variable qui puisse être supposée aussi petite qu'on le veut; il faut nécessairement que chacun de ces coefficiens pris séparément soit égal à zéro; c'est-à-dire, qu'on aura toujours

$$A = o, \quad B = o, \quad C = o, \quad \text{etc.},$$

quel que soit d'ailleurs le nombre des termes de cette équation.

En effet, puisqu'on peut supposer x aussi petite qu'on le veut, on pourra aussi rendre aussi petite qu'on le voudra la somme de tous les termes qui ont x pour facteur, c'est-à-dire la somme de tous les termes qui suivent le premier. Donc ce premier terme A diffère aussi peu qu'on le veut de o; mais A étant une constante, ne peut différer aussi peu qu'on le veut de o, puisqu'alors elle serait variable : donc elle ne peut être que o : donc on a déjà A = o ; il reste donc

$$Bx + Cx^2 + Dx^3 + \text{etc.} = \text{o} :$$

je divise tout par x, et j'ai

$$B + Cx + Dx^2 + \text{etc.} = \text{o},$$

d'où l'on tire B = o, par la même raison qu'on a donnée pour prouver qu'on avait A = o ; le même raisonnement prouvera qu'on a pareillement

$$C = \text{o}, \ D = \text{o}, \ \text{etc.}$$

120. Cela posé, soit une équation à deux termes seulement

$$A + Bx = \text{o},$$

dans laquelle le premier terme soit constant et le second susceptible d'être rendu aussi petit qu'on le veut : cette équation ne pourra subsister d'après ce qui vient d'être dit, à moins que les termes A et Bx ne soient chacun en particulier égal à zéro. Donc nous pouvons établir en principe général et comme corollaire immédiat de la méthode des indéterminées que, *si la somme ou la diffé-rence de deux prétendues quantités est égale à zéro, et que l'une des deux puisse être sup-posée aussi petite qu'on le veut, tandis que l'autre ne renferme aucune arbitraire, ces deux prétendues quantités seront chacune en particulier égales à zéro.*

121. Ce principe suffit seul pour résoudre par l'algèbre ordinaire toutes les questions qui sont du ressort de l'analyse infinitésimale. Les procédés respectifs de l'une et l'autre méthodes, simplifiés comme ils doivent l'être, sont absolument les mêmes : toute la différence est dans la manière d'envisager la question : les quantités que l'on *néglige* dans l'une comme infiniment petites, on les *sous-entend* dans l'autre, quoique considérées comme finies, parce qu'il est démontré qu'elles doivent s'éliminer d'elles-mêmes, c'est-à-dire, se détruire les unes par les autres dans le résultat du calcul.

En effet, il est aisé d'apercevoir que ce résultat ne peut être qu'une équation à deux termes dont chacun en particulier est égal à zéro : on peut donc sous-entendre d'avance dans le cours du calcul tous les termes qui se rapportent à celle de ces deux équations dont on ne veut pas faire usage. Appliquons cette théorie des indéterminées à quelques exemples.

122. Reprenons celui que nous avons déjà traité (9). Nous avons trouvé (*fig.* 1)

$$TP + T'T = y\,\frac{MZ}{RZ} \quad \text{et} \quad \frac{MZ}{RZ} = \frac{2y + RZ}{2a - 2x - MZ},$$

équations parfaitement exactes l'une et l'autre, quelles que soient les valeurs de MZ et de RZ; tirant donc de la première de ces équations la valeur de $\frac{MZ}{RZ}$, et la substituant dans la seconde, j'ai

$$\frac{TP+TT}{y} = \frac{2y+RZ}{2a-2x-MZ},$$

équation exacte et qui doit avoir lieu, quelle que soit la distance qu'on voudra mettre entre les lignes RS et MP.

Or, il est aisé de voir que je puis mettre cette équation sous la forme suivante :

$$\left(\frac{TP}{y}-\frac{y}{a-x}\right)+\left[\frac{T'T}{y}-\frac{yMZ+aRZ-xRZ}{(a-x)(2a-2x-MZ)}\right]=0,$$

dans laquelle le premier terme ne contient que des quantités données ou déterminées par les conditions du problème, et dont le second contient des arbitraires, et peut être supposé aussi petit qu'on le veut, sans rien changer aux quantités qui sont contenues dans le premier terme, puisqu'on est maître de supposer RS aussi proche qu'on le veut de MP. Donc, suivant la théorie des indéterminées, chacun des termes de cette équation, pris séparément, doit être égal à zéro; c'est-à-dire, que cette équation peut se décomposer en ces deux autres

$$\frac{TP}{y} - \frac{y}{a-x} = 0 \text{ et } \frac{T'T}{y} - \frac{yMZ+aRZ-xRZ}{(a-x)(2a-2x-MZ)} = 0,$$

desquelles la première n e contient que des quantités désignées, et la seconde contient des arbitraires. Mais nous n'avons besoin que de la première, puisque c'est celle qui nous donne la valeur cherchée de **TP**, telle que nous l'avons déjà trouvée ci-devant. Donc, quand même nous aurions commis des erreurs dans le cours du calcul, pourvu que ces erreurs ne fussent tombées que sur la dernière équation, l'exactitude du résultat cherché n'en aurait point souffert; et c'est effectivement ce qui serait arrivé si nous eussions traité **MZ**, **RZ** et **T'T** comme nulles par comparaison aux quantités proposées a, x, y, dans les équations primitives; nous eussions, à la vérité, commis des erreurs dans l'expression des conditions du problème, mais ces erreurs se fussent détruites d'elles-mêmes par compensation, et le résultat dont nous avons besoin n'en eût été aucunement altéré.

123. L'analyse infinitésimale, envisagée sous ce rapport, n'est donc autre chose qu'une application, ou, si l'on veut, une extension de la méthode des indéterminées; car, suivant cette méthode, je dis que lorsqu'on néglige une quantité infini-

ment petite, on ne fait, à proprement parler, que la *sous-entendre* et non la supposer nulle; par exemple, lorsqu'au lieu des deux équations exactes

$$TP + T'T = MP \times \frac{MZ}{RZ}$$

et

$$\frac{MZ}{RZ} = \frac{2y + RZ}{2a - 2x - MZ}$$

trouvées (9), j'emploie les deux équations imparfaites

$$TP = MP \times \frac{MZ}{RZ} \text{ et } \frac{MZ}{RZ} = \frac{y}{a-x},$$

je sais fort bien que je commets une erreur et je les mets, pour ainsi dire, mentalement sous cette forme

$$\frac{MZ}{RZ} \times MP = TP + \varphi \quad \text{et} \quad \frac{MZ}{RZ} = \frac{y}{a-x} + \varphi';$$

φ et φ' étant des quantités telles qu'il les faut pour que ces équations aient lieu exactement : de même dans l'équation

$$\frac{TP}{MP} = \frac{y}{a-x},$$

résultante des deux équations imparfaites ci-dessus, je sous-entends la quantité φ'', telle que

$$\left(\frac{TP}{MP} - \frac{y}{a-x}\right) + \varphi'' = 0$$

soit une équation exacte; mais je reconnais bientôt que cette dernière quantité φ'' est égale à zéro,
parce que si elle n'était pas nulle, elle ne pourrait
être qu'infiniment petite, tandis qu'il n'entre
aucune quantité infinitésimale dans le premier
terme; or cela est impossible, à moins que chacun
de ces termes, pris séparément, ne soit égal à
zéro; d'où je conclus qu'on a exactement

$$\frac{TP}{MP} = \frac{y}{a-x};$$

et partant, les quantités φ, φ' et φ'' ont été, non
pas supprimées comme nulles, mais simplement
sous-entendues pour simplifier le calcul.

124. Pour second exemple proposons-nous de
prouver que l'aire d'un cercle est égale au produit de sa circonférence par la moitié du rayon;
c'est-à-dire, qu'en nommant R ce rayon, ϖ le
rapport de la circonférence à ce même rayon, et
par conséquent ϖR cette circonférence, S la surface du cercle, on doit avoir

$$S = \tfrac{1}{2}\,\varpi R^2.$$

Pour cela, j'inscris au cercle un polygone régulier, puis je double successivement le nombre
de ces côtés jusqu'à ce que l'aire de ce polygone
diffère aussi peu qu'on le voudra de l'aire du

cercle. En même temps le périmètre du polygone différera aussi peu qu'on le voudra de la circonférence ϖR, et l'apothème aussi peu qu'on le voudra du rayon R. Donc l'aire S différera aussi peu qu'on le voudra de $\frac{1}{2}\varpi R^2$; donc si nous faisons

$$S = \tfrac{1}{2}\varpi R^2 + \varphi,$$

la quantité φ, si elle n'est pas 0, pourra être au moins supposée aussi petite qu'on le voudra. Cela posé, je mets cette équation sous la forme

$$(S - \tfrac{1}{2}\varpi R^2) - \varphi = 0,$$

équation à deux termes, dont le premier ne renferme aucune arbitraire, et dont le second, au contraire, peut être supposé aussi petit qu'on le veut; donc, par la théorie des indéterminées, chacun de ces termes en particulier est égal à 0 : donc nous avons

$$S - \tfrac{1}{2}\varpi R^2 = 0 \quad \text{ou} \quad S = \tfrac{1}{2}\varpi R^2;$$

ce qu'il fallait démontrer.

125. Soit proposé maintenant de trouver quelle est la valeur qu'il faut donner à x, pour que sa fonction $ax - xx$ soit un *maximum*.

Le cas du *maximum* doit avoir lieu évidemment, lorsqu'en ajoutant à l'indéterminée x une valeur arbitraire x', l'augmentation correspondante de la fonction proposée $ax - xx$ pourra être rendue aussi petite qu'on le voudra, par rapport à x', en diminuant celle-ci de plus en plus.

Or si j'ajoute à x la quantité x', j'aurai pour l'augmentation de la fonction proposée

$$a(x+x') - (x+x')^2 - (ax-xx),$$

ou en réduisant

$$(a+2x)x' - x'^2;$$

c'est donc le rapport de cette quantité à x', ou

$$a - 2x - x'$$

qui doit pouvoir être supposée aussi petite qu'on le veut. Soit cette quantité $= \varphi$, nous aurons donc

$$a - 2x - x' = \varphi,$$

ou

$$(a-2x) - (x'+\varphi) = 0,$$

équation à deux termes, dont le premier ne renferme aucune arbitraire, et dont le second peut être supposé aussi petit qu'on le veut : donc par la théorie des indéterminées, chacun de ces termes pris séparément est égal à 0. Donc nous avons

$$a - 2x = 0 \quad \text{ou} \quad x = \tfrac{1}{2}a,$$

ce qu'il fallait trouver.

126. Soit proposé de prouver que deux pyramides de mêmes bases et de mêmes hauteurs sont
égales entre elles.

Concevons ces pyramides partagées en un
même nombre de tranches toutes de même hauteur. Chacune de ces tranches pourra évidemment être regardée comme composée de deux
parties, dont l'une sera un prisme ayant pour
base la plus petite des deux qui terminent la
tranche, et l'autre sera l'espèce d'onglet qui en-
toure ce prisme.

Si donc nous appelons V, V', les volumes des
deux pyramides, P, P', les sommes respectives
des prismes dont nous venons de parler, q, q', les
sommes respectives des onglets : nous aurons

$$V = P + q, \ V' = P' + q';$$

mais il est clair que $P = P'$, donc

$$V - q = V' - q', \quad \text{ou} \quad (V - V') - (q - q') = 0.$$

Mais le premier terme de cette équation ne renferme aucune arbitraire, et le second peut évidemment être supposé aussi petit qu'on le veut.
Donc, par la théorie des indéterminées, chacun
de ces termes en particulier est égal à 0. Donc
on a $V - V' = 0$ ou $V = V'$; *ce qu'il fallait
démontrer.*

127. Soit proposé de trouver le volume d'une pyramide dont la base est B et la hauteur H.

Concevons cette pyramide partagée en une infinité de tranches de même épaisseur, soit x la distance de l'une quelconque de ces tranches au sommet de la pyramide, et x' l'épaisseur de cette tranche. Dans la pyramide, les aires des coupes faites parallèlement à la base sont comme les carrés de leurs distances au sommet; donc la base supérieure ou petite base de la tranche éloignée du sommet de la distance x, est $\frac{B}{H^2} x^2$. Donc le volume de cette tranche, abstraction faite de l'onglet est $\frac{B}{H^2} x^2 x'$; donc le volume total de la pyramide, abstraction faite des onglets, est la somme de tous ces élémens. Et puisque x' pouvant être supposée aussi petite qu'on le veut, chaque onglet peut également être supposé aussi petit qu'on le veut, relativement au volume de la tranche, la somme de tous les élémens $\frac{B}{H^2} x^2 x'$ diffère aussi peu qu'on le veut du volume cherché de la pyramide. Nommons donc V ce volume, nous aurons exactement

$$V = \text{som } \frac{B}{H^2} x^2 x' + \varphi,$$

φ désignant une quantité qui peut être supposée aussi petite qu'on le veut.

Mais puisque B, H et x' sont des quantités constantes, c'est-à-dire, les mêmes pour toutes les tranches, il est clair que

$$\text{som } \frac{B}{H} \cdot x^2 x'$$

est la même chose que

$$\frac{Bx'^3}{H^4} \text{ som } \left(\frac{x}{x'}\right)^2.$$

Or $\frac{x}{x'}$ est évidemment le nombre des tranches comprises depuis le sommet jusqu'à x, donc som $\left(\frac{x}{x'}\right)^2$ pour la pyramide entière, est la somme des carrés des nombres naturels depuis o jusqu'à $\frac{H}{x'}$.

Mais on sait que cette suite de carrés des nombres naturels est

$$\tfrac{1}{6}\left(\frac{2H^3}{x'^3} + \frac{3H^2}{x'^2} + \frac{H}{x'}\right),$$

substituant cette somme dans l'équation trouvée ci-dessus nous aurons

$$V = \frac{Bx'^3}{6H^2}\left(\frac{2H^3}{x'^3} + \frac{3H^2}{x'^2} + \frac{H}{x'}\right) + \varphi,$$

ou, en transformant pour séparer les termes arbitraires de ceux qui ne le sont pas,

$$(V - \tfrac{1}{3}BH) - \left[\frac{Bx'^3}{6H^2}\left(\frac{3H^2}{x'^2} + \frac{H}{x'}\right) + \varphi\right] = 0,$$

équation rigoureusement exacte à deux termes,
dont le premier ne contient que des quantités désignées ou non arbitraires, et dont le second peut
être rendu aussi petit qu'on le veut. Donc chacun
de ces termes pris séparément est égal à zéro :
donc nous avons par le premier

$$V - \tfrac{1}{3}BH = 0 \quad \text{ou} \quad V = \tfrac{1}{3}BH,$$

ce qu'il fallait trouver.

La solution qu'on vient de donner est analogue
à la méthode des indivisibles, ou plutôt c'est la
méthode même des indivisibles rendue rigoureuse
par quelques légères modifications, au moyen de
la méthode des indéterminées : nous allons maintenant appliquer celle-ci à la même question, en
employant la notation de l'analyse infinitésimale,
pour faire voir comment toutes ces méthodes se
tiennent, ou plutôt comment elles ne sont toutes
qu'une seule et même méthode envisagée sous
différens aspects.

En conservant les dénominations ci-dessus,
nous avons dV pour l'élément de la pyramide.
De plus, nous avons pour valeur du même élément, en négligeant l'onglet,

$$\frac{B}{H^2} \, x^2 dx \, ;$$

donc nous avons exactement

$$dV = \frac{B}{H^2} \, x^2 dx + \varphi,$$

11..

φ exprimant une quantité qui peut être supposée aussi petite qu'on le veut relativement à chacun des autres termes.

Prenant de part et d'autre la somme exacte des élémens, nous aurons l'équation rigoureuse

$$V = \text{som} \frac{B}{H^2} x^2 dx + \text{som } \varphi \ldots \ldots \ldots (A).$$

Or l'intégrale ordinaire

$$\int \frac{B}{H^2} x^2 dx$$

du premier terme du second membre est

$$\frac{B}{3H^2} x^3 + C,$$

C exprimant une constante; mais la différentielle exacte de cette intégrale n'est pas

$$\frac{B}{H^2} x^2 dx,$$

elle est

$$\frac{B}{3H^2}(x+dx)^3 - \frac{B}{3H^2} x^3 = \frac{B}{H^2} x^2 dx + \frac{B}{H^2}(3x dx^2 + dx^3),$$

c'est-à-dire que nous avons exactement

$$d\left(\frac{B}{3H^2} x^3 + C\right) = \frac{B}{H^2} x^2 dx + \frac{B}{H^2}(3x dx^2 + dx^3);$$

donc en prenant de part et d'autre la somme

exacte, nous aurons

$$\left(\frac{B}{3H^2}x^3+C\right)=\text{som}\frac{B}{H^2}x^2dx+\text{som}\frac{B}{H^2}(3xdx^2+dx^3),$$

ou en transposant

$$\text{Som}\frac{B}{H^2}x^2dx=\left(\frac{B}{3H^2}x^3+C\right)-\text{som}\frac{B}{H^2}(3xdx^2+dx^3).$$

Substituant dans l'équation (A), nous aurons exactement

$$V=\left(\frac{B}{3H^2}x^3+C\right)-\left[\text{som}\frac{B}{H^2}(3xdx^2+dx^3)-\text{som}\varphi\right],$$

équation dans laquelle le dernier terme seul contient des quantités arbitraires et peut être supposé aussi petit qu'on le veut. Faisons donc pour abréger ce terme φ'; l'équation deviendra en transposant

$$\left[V-\left(\frac{B}{3H^2}x^3+C\right)\right]-\varphi'=0,$$

équation dont par les principes de la méthode des indéterminées chaque terme pris séparément est égal à zéro, ce qui donne

$$V=\frac{B}{3^2H}x^3+C.$$

Pour déterminer C, il n'y a qu'à faire $x=0$, alors on a $V=0$, donc $C=0$, donc l'équation se réduit à

$$V=\frac{B}{3H^2}x^3,$$

c'est-à-dire, que le volume de la pyramide depuis

le sommet jusqu'à la hauteur x est $\frac{Bx^3}{3H^2}$; donc pour avoir le volume total de la pyramide, il n'y a plus qu'à supposer $x = H$, ce qui donnera enfin

$$V = \tfrac{1}{3} BH.$$

128. Cette solution, comme on le voit, n'est autre chose que celle qu'on obtiendrait par les procédés de l'analyse infinitésimale, en ne négligeant rien, et l'analyse infinitésimale ordinaire n'est qu'une abréviation de ces procédés, puisqu'elle ne néglige que les quantités φ, φ', qui ne tombent dans le résultat du calcul, que sur celle des équations dont on n'a pas besoin, entre les deux dans lesquels il se décompose. Or ce que l'analyse infinitésimale néglige ainsi par simple fiction sous le nom de quantités infiniment petites, on peut simplement le sous-entendre pour conserver la rigueur géométrique pendant tout le cours du calcul : on voit donc que la méthode des indéterminées fournit une démonstration rigoureuse du calcul infinitésimal, et qu'elle donne en même temps le moyen d'y suppléer, si l'on veut, par l'analyse ordinaire. Il eût été à désirer, peut-être, qu'on fût parvenu par cette voie aux calculs différentiel et intégral; ce qui était aussi naturel que le chemin qu'on a pris, et aurait prévenu toutes les difficultés.

DE LA MÉTHODE DES PREMIÈRES ET DERNIÈRES RAISONS OU DES LIMITES.

129. La méthode des premières et dernières raisons ou des limites, prend aussi son origine dans la méthode d'exhaustion; et ce n'est, à proprement parler, qu'un développement et une simplification de celle-ci. C'est à Newton que l'on doit cet utile perfectionnement, et c'est dans son livre des *Principes* qu'il faut s'en instruire : il suffit pour notre objet d'en donner ici une idée succincte.

Lorsque deux quantités quelconques sont supposées se rapprocher continuellement l'une de l'autre, de manière que leur rapport ou quotient diffère de moins en moins et aussi peu qu'on le veut de l'unité; ces deux quantités sont dites avoir pour *dernière raison une raison d'égalité.*

En général, lorsque l'on suppose que diverses quantités s'approchent respectivement et simultanément d'autres quantités qui sont considérées comme fixes, jusqu'à en différer toutes en même temps aussi peu qu'on le veut, les rapports qu'ont entre elles ces quantités fixes, sont les *dernières raisons* de celles qui sont supposées s'en approcher respectivement et simultanément; et ces quantités fixes elles-mêmes sont appelées *limites*

ou *dernières valeurs* de celles qui s'en approchent ainsi.

Ces dernières valeurs et dernières raisons sont
aussi appelées *premières valeurs* et *premières
raisons* des quantités auxquelles elles se rapportent, suivant que l'on considère les variables
comme s'approchant ou s'éloignant des quantités considérées comme fixes qui leur servent de
limites.

130. Ces limites ou quantités, considérées
comme fixes, peuvent cependant être variables
comme seraient, par exemple, les coordonnées
d'une courbe ; c'est-à-dire qu'elles peuvent n'être
pas données par les conditions de la question,
mais seulement déterminées par les hypothèses
subséquentes sur lesquelles le calcul est établi.
Ainsi, par exemple, quoique les coordonnées
d'une courbe soient comprises parmi les quantités
qu'on nomme variables¹, parce qu'elles ne sont
point du nombre des données; si je me propose
une question à résoudre sur la courbe dont il
s'agit, comme celle de lui mener une tangente, il
faudra, pour établir mes raisonnemens et mon
calcul, que je commence par attribuer des valeurs
déterminées à ces coordonnées, et que je con-
tinue à les regarder comme fixes jusqu'à la fin de
mon calcul. Or ces quantités, considérées comme

fixes, sont comprises aussi bien que les données
mêmes du problème, parmi celles que nous appelons limites.

131. Ces limites sont précisément les quantités
dont on cherche la relation ; celles qui sont supposées s'en approcher graduellement ne sont que
des quantités auxiliaires, que l'on fait intervenir
pour faciliter l'expression des conditions du problème, mais qui ne peuvent rester dans le calcul,
et qu'il faut nécessairement éliminer pour obtenir
les résultats cherchés ; elles sont par conséquent
de celles que nous avons nommées *quantités non
désignées*, tandis que leurs limites ou dernières
valeurs, sont les quantités dont on veut obtenir
la relation, et que nous appelons *quantités désignées.*

On voit ainsi l'analogie qui doit exister entre la
théorie des premières ou dernières raisons, et la
méthode infinitésimale. Car ce que dans celle-ci
on nomme quantités infiniment petites, n'est évidemment autre chose, d'après la définition que
nous en avons donnée (14), que la différence
d'une quantité quelconque à sa limite, ou, si l'on
veut, une quantité dont la limite est o; et les
quantités qui ont pour dernière raison une raison
d'égalité, ne sont autre chose que celles qui, dans

l'analyse infinitésimale, sont nommées quantités infiniment peu différentes l'une de l'autre.

132. On voit encore par là que la notion de quantité infiniment petite n'est pas moins claire que celle de limite, puisque ce n'est autre chose que la différence de cette même limite à la quantité dont elle exprime la dernière valeur. Mais la différence qu'il y a en ce qu'on appelle proprement méthode des limites et celle qu'on appelle méthode infinitésimale, consiste en ce que dans la première, on n'admet en effet dans le calcul, que les limites elles-mêmes qui sont toujours des quantités désignées; au lieu que dans la méthode infinitésimale, on admet aussi les quantités non désignées, qui sont supposées s'en approcher continuellement, et les différences de ces quantités non désignées à leurs limites : ce qui donne à la méthode infinitésimale, plus de moyens de varier ses expressions et ses transformations algébriques, sans qu'il puisse y avoir la moindre différence dans la rigueur des procédés.

133. La faculté que se procure ainsi la méthode infinitésimale, la rend susceptible encore d'un nouveau degré de perfection bien plus important, c'est de pouvoir être réduite en un algorithme particulier. Car ces différences entre les

quantités non désignées et leurs limites, sont ce qu'on a distingué sous le nom de *différentielles* de ces mêmes limites, et les simplifications auxquelles donne lieu l'admission de ces quantités dans le calcul, sont précisément ce qui donne à l'analyse infinitésimale de si puissans moyens.

Néanmoins la méthode des limites, quoique restreinte par la faculté dont elle se prive d'introduire dans le calcul les quantités auxiliaires dont ces limites ne sont que les dernières valeurs; cette méthode, dis-je, l'emporte encore de beaucoup pour la facilité des calculs sur la simple méthode d'exhaustion; parce qu'elle s'affranchit au moins de la réduction à l'absurde pour chaque cas particulier; opération la plus pénible de celles qui constituent la méthode d'exhaustion; tandis que dans l'autre méthode, pour établir l'égalité de deux quantités quelconques, il suffit de prouver qu'elles sont toutes deux limites d'une même troisième quantité.

134. Il n'y a aucune distinction à faire entre la méthode des limites et celle des premières ou dernières raisons; Newton n'en fait aucune, il emploie indifféremment le nom de limite d'une quantité ou dernière valeur de cette quantité; limite du rapport de deux quantités ou dernière raison de ces deux quantités. Je fais cette ré-

flexion, parce qu'il y a des personnes qui croient vaguement qu'il existe quelque différence entre la méthode des limites, telle que d'Alembert l'a expliquée à l'article Différentiel de l'Encyclopédie, et la méthode des premières et dernières raisons, telle que Newton l'a expliquée dans le livre des *Principes*. C'est absolument la même chose, et d'Alembert déclare positivement dans cet article, qu'il n'y est que l'interprète de Newton. Cette méthode étant très connue, il nous suffira d'en donner un exemple.

135. Il est clair, par ce qui a été dit (9), que quoique $\frac{MZ}{RZ}$ ne soit point égale à $\frac{TP}{MP}$; cependant la première de ces quantités diffère d'autant moins de la seconde, que RS est plus proche de MP, c'est-à-dire que

$$\frac{MZ}{RZ} = \frac{TP}{MP}$$

est une équation imparfaite; mais que (en désignant par L l'expression de limite ou de dernière valeur)

$$L\,\frac{MZ}{RZ} = \frac{TP}{MP}$$

est une équation parfaite, ou rigoureusement exacte.

De même on prouvera que

$$L \frac{MZ}{RZ} = \frac{y}{a-x}$$

est aussi une équation parfaite, ou rigoureusement exacte; égalant donc ces deux valeurs de $L \frac{MZ}{RZ}$, il vient

$$\frac{TP}{MP} = \frac{y}{a-x},$$

ou

$$TP = \frac{y^2}{a-x}$$

comme ci-dessus. Ainsi, ce ne sont plus dans ce nouveau calcul les quantités infiniment petites MZ et RZ qui y entrent séparément, ni même leur rapport $\frac{MZ}{RZ}$, mais seulement sa limite ou dernière valeur $L \frac{MZ}{RZ}$, qui est une quantité finie.

Si cette méthode était toujours aussi facile à mettre en usage que l'analyse infinitésimale ordinaire, elle pourrait paraître préférable; car elle aurait l'avantage de conduire aux mêmes résultats par une route directe et toujours lumineuse.

Mais il faut convenir, ainsi qu'on l'a déjà observé ci-dessus, que la méthode des limites est sujette à une difficulté considérable qui n'a pas lieu dans l'analyse infinitésimale ordinaire; c'est que ne pouvant y séparer, comme dans celle-ci, les quantités infiniment petites l'une de l'autre, et ces quantités se trouvant toujours liées deux à deux, on ne peut faire entrer dans les combinaisons les propriétés qui appartiennent à chacune d'elles en particulier, n'y faire subir aux équations où elles se rencontrent, toutes les transformations qui pourraient aider à les éliminer.

DE LA MÉTHODE DES FLUXIONS.

156. Newton considère une courbe comme engendrée par le mouvement uniforme d'un point; il décompose à chaque instant la vitesse constante de ce point en deux autres, l'une parallèle à l'axe des abscisses et l'autre parallèle à l'axe des ordonnées. Ces vitesses sont ce qu'il appelle fluxions de ces coordonnées, tandis que la vitesse arbitraire du point qui décrit la courbe est la fluxion de l'arc décrit.

Réciproquement cet arc décrit est appelé la fluente de la vitesse avec laquelle il est décrit par le point mobile, l'abscisse correspondante est appelée fluente de la vitesse de ce point estimée dans le sens de cette abscisse, et l'ordonnée est appelée fluente de la vitesse de ce même point estimée dans le sens de cette ordonnée.

Puisque la fluxion de l'arc est supposée constante, il est évident qu'à moins que le chemin

du point décrivant ne se fasse en ligne droite,
les fluxions de l'abscisse et de l'ordonnée seront
variables, et que leur rapport à chaque instant
dépendra de la nature de la courbe, c'est-à-dire
de la relation même de ces coordonnées.

Réciproquement la relation des coordonnées
dépend nécessairement de celle qui existe à
chaque instant entre les fluxions de ces coordonnées. On peut donc demander quel est le
moyen de découvrir la relation qui existe entre
les fluxions, lorsque l'on connaît celle qui existe
entre les coordonnées; et réciproquement quel est
celui de découvrir la relation qui existe entre les
coordonnées, lorsque l'on connaît celle qui existe
entre les fluxions seules, ou combinées avec les
coordonnées elles-mêmes. La première partie
de ce problème est ce qu'on nomme méthode
des fluxions, et la seconde méthode inverse des
fluxions.

157. Mais ces premières notions peuvent être
généralisées ; car à mesure que le point décrivant
parcourt la courbe, non-seulement l'abscisse et
l'ordonnée changent, mais encore la sous-tangente, la normale, le rayon de courbure, etc.
c'est-à-dire que ces quantités croissent ou dé-
croissent plus ou moins rapidement ainsi que les
coordonnées elles-mêmes. Toutes ces quantités

ont donc des fluxions dont les rapports sont éga‑
lement déterminés par le mouvement du point
que décrit uniformément la courbe; ainsi ces
quantités sont elles-mêmes des fluentes. Or c'est
l'art de déterminer les relations de toutes ces
fluentes par l'entremise de leurs fluxions em‑
ployées comme auxiliaires, que l'on nomme mé‑
thode directe et inverse des fluxions, ou méthode
des fluxions et fluentes.

Cette méthode s'applique non-seulement aux
lignes courbes, mais par analogie on l'étend aux
aires que renferment ces courbes, aux surfaces
courbes et aux volumes qu'elles terminent, aux
forces qui mettent les corps en mouvement et
aux effets qu'elles produisent; on en applique en
un mot la théorie à tout ce qui fait l'objet des
mathématiques et des sciences physico-mathé‑
matiques, aussi bien que la méthode d'exhaustion
elle-même et tous les modes de calcul qui en
dérivent.

138. La méthode des fluxions n'admet, comme
on le voit dans le calcul, que des quantités finies :
puisque ces fluxions ne sont autre chose que des
vitesses qui sont des quantités finies. On peut
même prendre ces vitesses respectives avec
lesquelles les coordonnées croissent, pour coor‑
données d'une nouvelle courbe, lesquelles auront

aussi leurs fluxions, qui seront pareillement des quantités finies; et celles-ci pourront encore être prises pour coordonnées d'une troisième courbe , ainsi de suite, sans que jamais il entre dans le calcul autre chose que des quantités finies.

139. Il y a une fluxion principale qui est choisie à volonté, mais qui étant une fois adoptée règle toutes les autres : on peut choisir celle que l'on veut; nous avons supposé que c'était la vitesse absolue du point décrivant, que nous avons regardée comme uniforme : mais on peut supposer également que c'est la vitesse dans le sens de l'abscisse, ou toute autre qui soit uniforme et qui serve de terme de comparaison.

140. La méthode des fluxions et fluentes dérive naturellement de celle des premières et dernières raisons; car la vitesse variable d'un point, n'est pas le chemin décrit par ce point dans un temps donné, divisé par ce temps; mais la première ou dernière raison de ce rapport, c'est-à-dire la quantité dont ce rapport approche de plus en plus, à mesure que ce temps est supposé plus court.

141. Cette observation a été le prétexte d'une objection élevée contre la méthode des fluxions; car, a-t-on dit, c'est introduire dans la Géomé-

trie qui appartient aux Mathématiques pures, la notion des vitesses qui n'appartient qu'aux Mathématiques mixtes, et définir une idée qui doit être simple, par une autre qui est complexe.

Mais cette objection est assez frivole : car la véritable chose à considérer, est de savoir si la théorie est plus facile à saisir de cette manière que d'une autre. Le classement que nous faisons des sciences est assez arbitraire. Nous plaçons la Géométrie avant la Mécanique dans l'ordre de la simplicité, mais les parties transcendantes de la première sont bien plus abstraites que les parties élémentaires de la seconde; et comme le dit *La-grange*, « chacun a ou croit avoir une idée nette de la vitesse, » ce n'est donc pas prendre une marche contraire à l'esprit des Mathématiques, que de définir les fluxions par les vitesses.

142. Nous venons de voir que les vitesses qu'on nomme *fluxions*, sont les dernières raisons des espaces parcourus et des temps employés à les parcourir; mais si l'on compare ensemble deux de ces vitesses ou fluxions, par exemple la fluxion de l'abscisse avec celle de l'ordonnée, ces fluxions auront elles-mêmes entre elles une raison, qui n'est autre chose que la limite du rapport des différentielles de ces coordonnées. Ainsi la Méthode des fluxions n'est encore, comme on le voit, que

la méthode infinitésimale, et par conséquent la méthode d'exhaustion envisagée sous un nouveau point de vue, et l'on aperçoit facilement le lien qui unit toutes ces méthodes les unes aux autres.

143. Les procédés de la méthode des fluxions ne diffèrent de ceux de l'analyse infinitésimale, que par la notation. Au lieu de la caractéristique d, dont on se sert dans celle-ci, on pointe les lettres dans la méthode des fluxions ; c'est-à-dire, que la fluxion de la variable ou fluente x, par exemple, est représentée par $\dot{x}$, mais avec cette distinction, que $\dot{x}$ représente une quantité finie qui est la vitesse du point décrivant dans le sens des abscisses, tandis que dx, dans le calcul différentiel, représente une quantité infiniment petite, qui est l'accroissement instantané de cette même abscisse.

De même si l'on conçoit une nouvelle courbe, dont les coordonnées soient les fluxions respectives de x et y, les fluxions de ces nouvelles coordonnées seront des fluxions de fluxions, et devront, d'après la notation indiquée, être exprimées dans le calcul par $\ddot{x}, \ddot{y}$; et ces $\ddot{x}, \ddot{y}$, seront encore des quantités finies, tandis que les différentielles secondes ddx, ddy, qui leur correspondent dans la méthode infinitésimale, sont des

12..

quantités infiniment petites du second ordre : ainsi de suite.

144. Il ne m'appartient pas de prononcer entre Newton et Leibnitz sur la priorité de l'invention. Il me semble que la métaphysique de l'une de ces méthodes est tellement différente de celle de l'autre, qu'il est plus que probable que chacun a inventé la sienne. L'histoire des sciences mathématiques est remplie de semblables rencontres ; parce que la vérité étant une, il faut toujours que ce soit à elle qu'on arrive, et sitôt qu'elle est pressentie, chacun s'y précipite par le chemin qu'il s'est frayé. Il faut faire attention qu'à l'époque de Newton et de Leibnitz, une foule d'idées analogues à celles de ces deux grands hommes perçaient de toutes parts dans les écrits des savans. C'était réellement un fruit mûr. Cavalerius, Fermat, Pascal, avaient soumis au calcul les quantités infiniment petites ; Descartes avait trouvé la méthode des indéterminées ; Roberval avait imaginé de décomposer la vitesse du point qui décrit une courbe, en deux autres respectivement parallèles aux deux coordonnées ; Barrow avait considéré les courbes comme des polygones d'une infinité de côtés ; Wallis avait enseigné à calculer les séries. Il ne manquait plus que d'assujétir toutes les découvertes de

même genre à un mode uniforme par un algorithme; n'est-il pas plus naturel de penser que
Newton et Leibnitz ont trouvé chacun le leur par
des routes très opposées, que de supposer que
l'un de ces deux hommes déjà justement célèbres à tant d'autres égards, ait été plagiaire de
l'autre?

DU CALCUL DES QUANTITÉS ÉVANOUISSANTES.

145. La plupart des savans, pour concilier la
simplicité de la notation leibnitzienne avec la
rigueur géométrique, prennent le parti de considérer les quantités infiniment petites, comme absolument nulles. La métaphysique du calcul infinitésimal est développée sous ce point de vue avec
une grande clarté, dans la préface du *Calcul différentiel* d'Euler : « le calcul différentiel, dit ce
» grand géomètre, est l'art de trouver le rapport
» des accroissemens évanouissans, que prennent
» des fonctions quelconques, lorsqu'on attribue à
» la quantité variable dont elles sont fonctions, un
» accroissement évanouissant. »

Newton avait déjà admis, dans son livre des
Principes, la notion des quantités évanouissantes.
« Il faut, dit-il, entendre par la dernière raison
» des quantités évanouissantes, la raison qu'ont
» entre elles des quantités qui diminuent, non
» pas avant de s'évanouir, ni après qu'elles sont

» évanouies, mais au moment même qu'elles
» s'évanouissent. »

D'Alembert rejette cette explication, quoiqu'il
adopte complétement, d'ailleurs, la doctrine de
Newton sur les limites ou premières et dernières
raisons des quantités.

« Cette méthode, dit Lagrange, a le grand
» inconvénient de considérer les quantités, dans
» l'état où elles cessent, pour ainsi dire, d'être
» quantités : car quoiqu'on conçoive toujours
» bien le rapport de deux quantités, tant qu'elles
» demeurent finies, ce rapport n'offre plus à
» l'esprit une idée claire et précise, aussitôt que
» ses termes deviennent l'un et l'autre nuls à
» la fois. »

Il semble néanmoins, que les quantités infiniment petites étant des variables, rien n'empêche
qu'on ne puisse leur attribuer la valeur o, aussi
bien que toute autre. Il est vrai qu'alors leur
rapport est $\frac{o}{o}$, qui peut être également supposé
a ou b, aussi bien que toute autre quantité quelconque.

146. La considération de ces quantités évanouissantes serait donc à peu près inutile, si l'on
se bornait à les traiter dans le calcul comme des
quantités simplement nulles : car elles n'offriraient

plus que le rapport de o à o, qui n'est pas plus égal
à 2 qu'à 3 ou à toute autre quantité; mais il ne
faut pas perdre de vue, que ces quantités nulles
ont ici des propriétés particulières, comme dernières valeurs des quantités indéfiniment décroissantes dont elles sont les limites, et qu'on ne leur
donne la dénomination particulière d'évanouissantes, qu'afin d'avertir que de tous les rapports
ou relations dont elles sont susceptibles en qualité de quantités nulles, on ne veut considérer et
faire entrer dans les combinaisons, que celles qui
leur sont assignées par la loi de continuité, lorsque
l'on imagine le système des quantités auxiliaires
s'approchant par degrés insensibles du système
des quantités désignées : et c'est là précisément
ce qu'entend Newton, lorsqu'il dit, que les quantités évanouissantes sont des quantités considérées, non avant qu'elles s'évanouissent, non
après qu'elles sont évanouies, mais à l'instant
même qu'elles s'évanouissent.

Dans le cas traité ci-devant (9), par exemple,
tant que RS ne coïncide point avec MP, la fraction
$\frac{MZ}{RZ}$ est plus grande que $\frac{TP}{y}$; ces deux fractions ne
deviennent égales qu'au moment où MZ et RZ
se réduisent à zéro. Il est vrai qu'alors $\frac{MZ}{RZ}$ est
aussi bien égale à toute autre quantité qu'à $\frac{TP}{y}$.

puisque $\frac{0}{0}$ est une quantité absolument arbitraire ; mais parmi les diverses valeurs qu'on peut attribuer à $\frac{MZ}{RZ}$, $\frac{TP}{y}$ est la seule qui soit assujétie à la loi de continuité et déterminée par elle ; car si l'on construisait une courbe dont l'abscisse fût la quantité indéfiniment petite MZ, et l'ordonnée proportionnelle à $\frac{MZ}{RZ}$, celle qui répondrait à l'abscisse nulle, serait représentée par $\frac{TP}{y}$, et non par une quantité arbitraire : or, c'est ce qui distingue les quantités que je nomme évanouissantes de celles qui sont simplement nulles.

Ainsi, quoiqu'en général on ait

$$0 = 2 \times 0 = 3 \times 0 = 4 \times 0 = \text{etc.},$$

on ne peut pas dire d'une quantité évanouissante telle que MZ,

$$MZ = 2MZ = 3MZ = 4MZ = \text{etc.};$$

car la loi de continuité ne peut assigner entre MZ et MZ d'autre rapport que celui d'égalité, ni d'autre relation que celle d'identité.

147. Nous avons vu qu'en introduisant dans le calcul des quantités indéfiniment petites, et en les négligeant par comparaison aux quantités finies, les équations devenaient imparfaites, et que les

erreurs auxquelles on donnait lieu ne se com-
pensaient que dans le résultat cherché. On peut
maintenant éviter si l'on veut, cette espèce d'inconvénient par le moyen des évanouissantes, qui
n'étant autre chose que les dernières valeurs des
quantités indéfiniment petites correspondantes,
peuvent comme toutes autres valeurs, être attribuées à ces quantités indéfiniment petites; et qui
d'un autre côté, étant absolument nulles, peuvent
se négliger, lorsqu'elles se trouvent ajoutées à
quelques quantités effectives, sans que le calcul
cesse d'être parfaitement rigoureux.

148. On peut donc envisager l'analyse infinitésimale sous deux points de vue différens; en
considérant les quantités infiniment petites ou
comme des quantités effectives, ou comme des
quantités absolument nulles. Dans le premier cas,
l'analyse infinitésimale n'est autre chose qu'un
calcul d'erreurs compensées; et dans le second,
c'est l'art de comparer des quantités évanouissantes entre elles et avec d'autres, pour tirer de
ces comparaisons les rapports et relations quelconques qui existent entre des quantités proposées.

Comme égales à zéro, ces quantités évanouissantes doivent se négliger dans le calcul, lorsqu'elles se trouvent ajoutées à quelque quantité

effective ou qu'elles en sont retranchées ; mais elles n'en ont pas moins, comme on vient de le voir, des rapports très intéressans à connaître, rapports qui sont déterminés par la loi de continuité à laquelle est assujéti le système des quantités auxiliaires dans son changement. Or, pour saisir aisément cette loi de continuité, il est aisé de sentir qu'on est obligé de considérer les quantités en questions, à quelque distance du terme où elles s'évanouissent entièrement, sinon elles n'offriraient que le rapport indéfini de zéro à zéro ; mais cette distance est arbitraire et n'a 'd'autre objet que de faire juger plus facilement des rapports qui existent entre ces quantités évanouissantes : ce sont ces rapports qu'on a en vue en regardant les quantités infiniment petites comme absolument nulles, et non pas ceux qui existent entre les quantités qui ne sont pas encore parvenues au terme de leur anéantissement. Celles-ci, que j'ai nommées indéfiniment petites, ne sont point destinées à entrer elles-mêmes dans le calcul envisagé sous le point de vue dont il s'agit dans ce moment, mais employées seulement pour aider l'imagination, et indiquer la loi de continuité qui détermine les rapports et les relations quelconques des quantités évanouissantes auxquelles elles répondent.

Ainsi, d'après cette hypothèse, dans la pro-

portion $MZ : RZ :: TP : MP$ (*fig.* 1), les quantités
représentées par MZ et RZ sont bien supposées
absolument égales à zéro ; mais comme c'est de
leur rapport qu'on a besoin, il faut pour apercevoir son égalité avec $\frac{TP}{MP}$, considérer les quantités
indéfiniment petites qui répondent à ces quanti-
tés nulles, non afin de les introduire elles-mêmes
dans le calcul, mais afin d'y faire entrer sous la
dénomination de MZ et de RZ, les quantités évanouissantes qui en sont les dernières valeurs.

149. Ces expressions MZ, RZ représentent
donc ici des quantités nulles, et on ne les emploie
sous les formes MZ, RZ, plutôt que sous la forme
commune o, que parce que si on les employait
en effet sous cette dernière forme, on ne pourrait
plus distinguer, dans les opérations où elles se
trouveraient mêlées, leurs diverses origines, c'est-
à-dire, quelles sont les diverses quantités indéfiniment petites qui leur répondent. Or, la considération, au moins mentale, de celles-ci est nécessaire pour saisir la loi de continuité qui détermine
le rapport cherché des quantités évanouissantes
qu'elles ont pour limites, et par conséquent il
est essentiel de ne pas les perdre de vue, et de les
caractériser par des expressions qui empêchent
de les confondre.

150. Les quantités évanouissantes qui font le sujet du calcul infinitésimal envisagé sous ce nouveau point de vue, sont à la vérité des êtres de raison; mais cela n'empêche pas qu'elles n'aient des propriétés mathématiques, et qu'on ne puisse les comparer tout aussi bien qu'on compare des quantités imaginaires qui n'existent pas davantage. Or personne ne révoque en doute l'exactitude des résultats qu'on obtient par le calcul des imaginaires, quoiqu'elles ne soient que des formes algébriques et des hiéroglyphes de quantités absurdes; à plus forte raison ne peut-on donner l'exclusion aux quantités évanouissantes, qui sont au moins des limites de quantités effectives, et touchent pour ainsi dire à l'existence. Qu'importe en effet que ces quantités soient ou non des êtres chimériques, si leurs rapports ne le sont pas, et que ces rapports soient la seule chose qui nous intéresse? On est donc entièrement maître, en soumettant au calcul les quantités que nous avons nommées infinitésimales, de regarder ces quantités comme effectives, ou comme absolument nulles; et la différence qui se trouve entre ces deux manières d'envisager la question, consiste en ce qu'en regardant ces quantités comme nulles les propositions, équations et résultats quelconques, demeurent exacts et rigoureux pendant tout le calcul, mais se rappor-

tent à des quantités qui sont des êtres de raison ,
et expriment des relations existantes entre quantités qui n'existent pas elles-mêmes; au lieu qu'en
regardant les quantités infiniment petites comme
quelque chose d'effectif, les propositions , équations et résultats quelconques ont bien pour sujet
de véritables quantités; mais ces propositions,
équations et résultats sont faux, ou plutôt ils sont
imparfaits, et ne deviennent exacts à la fin que
par la compensation de leurs erreurs, compensation cependant qui est une suite nécessaire et infaillible des opérations du calcul.

151. La métaphysique qui vient d'être exposée
fournit aisément des réponses à toutes les objections qui ont été faites contre l'analyse infinitésimale, dont plusieurs Géomètres ont cru le principe fautif et capable d'induire en erreur; mais ils
ont été accablés, si l'on peut s'exprimer ainsi,
par la multitude des prodiges, et par l'éclat des
vérités qui sortaient en foule de ce principe.

Ces objections peuvent se réduire à celle-ci :
ou les quantités qu'on nomme infiniment petites
sont absolument nulles, ou non; car il est ridi-
cule de supposer qu'il existe des êtres qui tiennent
le milieu entre la quantité et le zéro. Or, si elles
sont absolument nulles, leur comparaison ne
mène à rien, puisque le rapport de o à o n'est

pas plus a que b, ou toute autre quantité quelconque; et si elles sont des quantités effectives,
on ne peut sans erreur les traiter comme nulles,
ainsi que le prescrivent les règles de l'analyse infinitésimale.

La réponse est simple : bien loin de ne pouvoir
en effet considérer les quantités infiniment petites, ni comme quelque chose de réel, ni comme
rien, on peut dire au contraire qu'on peut à volonté les regarder comme nulles ou comme de
véritables quantités; car ceux qui voudront les
regarder comme nulles, peuvent répondre que ce
qu'ils nomment quantités infiniment petites ne
sont point des quantités nulles quelconques, mais
des quantités nulles assignées par une loi de continuité qui en détermine la relation ; que parmi
tous les rapports dont ces quantités sont susceptibles comme zéro, ils ne considèrent que ceux
qui sont déterminés par cette loi de continuité;
et qu'enfin ces rapports ne sont point vagues et
arbitraires, puisque cette loi de continuité n'as-
signe point, par exemple, plusieurs rapports différens aux différentielles de l'abscisse et de l'ordonnée d'une courbe lorsque ces différentielles
s'évanouissent, mais un seul, qui est celui de la
sous-tangente à l'ordonnée. D'un autre côté, ceux
qui regardent les quantités infiniment petites
comme de véritables quantités, peuvent répondre

que ce qu'ils appellent infiniment petit n'est qu'une grandeur arbitraire et susceptible d'être supposée aussi petite qu'on le veut, sans rien changer aux quantités proposées ; que dès-lors, sans la supposer nulle, on peut cependant la traiter comme telle, sans qu'il s'ensuive aucune erreur dans le résultat, puisque cette erreur, si elle avait lieu, serait arbitraire comme la quantité qui l'aurait occasionée. Or il est évident qu'une pareille erreur ne peut exister qu'entre des quantités dont quelqu'une au moins soit arbitraire. Donc lorsqu'on est parvenu à un résultat qui n'en contient plus, et qui exprime une relation quelconque entre les quantités données et celles qui sont déterminées par les conditions du problème, on peut assurer que ce résultat est exact, et que par conséquent les erreurs qui auraient dû être commises en exprimant ces conditions, ont pu se compenser et disparaître par une suite nécessaire et infaillible des opérations du calcul.

152. D'autres Géomètres, embarrassés apparemment par l'objection qu'on vient de discuter, se sont attachés simplement à prouver que la méthode des limites dont les procédés sont rigoureusement exacts dans tous les points, devait nécessairement conduire aux mêmes résultats que l'analyse infinitésimale. Mais en convenant que le

principe de cette méthode est très lumineux, on
ne peut se dissimuler qu'ils ne font qu'éluder la
difficulté sans la résoudre; que la méthode des
limites ne mène aux résultats de l'analyse infinitésimale que par une route difficile et détournée;
et qu'enfin cette méthode, loin d'être la même
que celle du calcul de l'infini, n'est au contraire
que l'art de s'en passer et d'y suppléer par le
calcul algébrique ordinaire: en quoi l'on réussi-
rait d'une manière plus simple, à ce qu'il me
semble, par la méthode des indéterminées.

153. Il suit de ce que nous venons de dire,
qu'on peut à volonté considérer les quantités
infiniment petites ou comme absolument nulles,
ou comme de véritables quantités; un motif
cependant me ferait préférer cette dernière manière d'envisager l'analyse infinitésimale; c'est
que ceux qui la considèrent ainsi, me semblent
traiter la question d'une manière plus générale
que les autres. Car ceux-ci en attribuant aux
quantités infiniment petites la valeur o, font une
opération inutile; ils paraissent regarder cette
détermination comme nécessaire, et penser que
sans elle ils ne pourraient obtenir ce qu'ils
cherchent; or c'est ce qui n'est pas, puisque
ces quantités peuvent toutes s'éliminer sans conditions, c'est-à-dire sans qu'on leur attribue

aucune valeur déterminée, et pas plus celle qui est o qu'aucune autre. La question paraît donc résolue d'une manière plus générale, lorsqu'on laisse dans l'indétermination des quantités qu'on n'est pas obligé de déterminer.

DE LA THÉORIE DES FONCTIONS ANALYTIQUES OU FONCTIONS DÉRIVÉES.

154. Aucune des méthodes pratiquées ou proposées jusqu'à ce jour, pour suppléer à la méthode d'exhaustion des anciens, et pour la réduire en algorithme régulier, n'a paru à Lagrange réunir au degré désirable, l'exactitude et la simplicité requises dans les sciences mathématiques. Il a pensé néanmoins qu'il n'était pas impossible d'atteindre ce but important, et ses recherches à cet égard nous ont valu le grand ouvrage qu'il a publié sous le titre de *Théorie des fonctions analytiques, contenant les principes du calcul différentiel, dégagés de toute considération d'infiniment petits, d'évanouissans, de limites et de fluxions, et réduits à l'analyse algébrique des quantités finies.* Lagrange a de plus donné, sur le même sujet, un autre ouvrage considérable, intitulé : *Leçons sur le calcul des fonctions,* lequel est un commentaire et un supplément pour le premier.

Ces écrits sont marqués au coin du génie original et profond auquel nous devions déjà le Calcul des variations et la Mécanique analytique; mais comme ils doivent se trouver entre les mains de tous ceux qui veulent approfondir la science du calcul, je n'en dirai ici qu'un mot.

Afin de conserver, dans tout le cours de ses opérations, l'exactitude rigoureuse dont il s'est fait la loi de ne jamais s'écarter, Lagrange, qui fait aussi usage des différentielles, sous une autre dénomination et sous une autre notation, les considère comme des quantités finies, indéterminées. En conséquence, il ne néglige aucun terme, et prend ses différentielles, comme on le fait, dans le calcul aux différences finies. C'est à quoi il parvient par le théorème de Taylor, dont il fait la base de sa doctrine, et qu'il démontre directement par l'analyse ordinaire, tandis qu'avant lui, on ne l'avait encore démontré que par le secours même du calcul différentiel.

L'auteur parvient ainsi à exprimer, par des équations rigoureusement exactes, les conditions de toute question proposée. Ces équations paraissent sans doute devoir être plus difficiles à établir et plus compliquées que celles qu'on obtient par les procédés ordinaires de l'analyse infinitésimale; c'est-à-dire, lorsqu'on se permet de négliger les quantités infiniment petites vis-à-vis des quantités finies. Mais comme les unes et les autres de ces équations ne peuvent jamais conduire qu'aux mêmes résultats, on sent qu'il doit nécessairement exister pour les premières, des moyens de simplification qui les ramènent aux autres. C'est ce qui a lieu en effet : l'auteur, par une suite de transformations ingénieuses, parvient à dégager son calcul de tout ce qui l'embarrassait inutilement. C'est ainsi que ces équations reviennent d'elles-mêmes, et sans qu'on soit obligé de rien négliger dans le cours des opérations, à la simplicité de celles qu'on aurait pu obtenir immédiatement par les procédés ordinaires de l'analyse infinitésimale.

155. Quoique Lagrange prenne ses différentielles comme si c'était des différences finies, elles ont un caractère qui les distingue essentiellement de celles-ci ; c'est qu'elles demeurent toujours indéterminées, de sorte qu'on reste maître, pendant tout le cours du calcul, de les rendre aussi petites qu'on le veut, sans rien changer à la valeur des quantités dont on cherche la relation ; ce qui fournit des moyens d'élimination qui n'appartiennent point au calcul ordinaire des différences finies, dans lequel ces différences sont fixes.

156. Il est facile de remarquer l'analogie qui

existe entre la théorie des fonctions analytiques ,
celle du calcul infinitésimal ordinaire, et la méthode
des indéterminées dont nous avons parlé (119).
En effet, les différences prises sans rien négliger,
comme on le fait dans la théorie des fonctions
analytiques, par la formule de Taylor, sont des
séries. Or, comme l'observe Lagrange lui-même ,
tous les problèmes dont la solution exige le calcul
différentiel, dépendent uniquement du premier
terme de chacune de ces séries, et toutes les
méthodes n'ont d'autre but, que de détacher et
d'isoler, pour ainsi dire, ce premier terme du
reste de la série. Le calcul différentiel ordinaire
remplit immédiatement cet objet, en négligeant,
dès le premier moment, tous les autres, comme
s'ils étaient nuls; dans la méthode des indéterminées, on les sous-entend seulement, comme
devant nécessairement se détruire les uns par les
autres dans le résultat du calcul; dans la théorie
des fonctions enfin, on les fait réellement entrer dans l'expression des conditions du problème, et on les dégage ensuite par diverses
transformations, fondées sur ce que tous ces
termes ont pour facteur commun un accroissement de variable qu'on est maître de supposer
aussi petit qu'on le veut; tandis que le premier
terme de la série en est indépendant : ce qui
rentre évidemment dans la méthode des indé-

termin
tions d
égal à z

157.
métho
l'algori
celui
d'aprè
ginaux
exemp
tions a
de Lag
lorsqu'
nique
rithme
dans l'
dernie

« O
» diffé
» des
» Lors
» et q
» résu
» pren
» thod
» peu

» peu naturels, et on doit convenir que cette
» manière de rendre le calcul plus rigoureux dans
» ses principes, lui fait perdre ses principaux
» avantages, la simplicité de la méthode et la fa-
» cilité des opérations. »

La théorie des fonctions analytiques n'est peut-
être pas elle-même exempte d'une partie de ces
inconvéniens; c'est à ceux qui ont acquis l'habitude de s'en servir, qu'il appartient d'en juger.

CONCLUSION GÉNÉRALE.

159. Les diverses méthodes dont nous avons
donné l'idée dans cet écrit, ne sont à proprement
parler qu'une seule et même méthode, présentée
sous divers points de vue. C'est toujours la méthode d'exhaustion des anciens, plus ou moins
simplifiée, plus ou moins heureusement appro-
priée aux besoins du calcul, et enfin réduite en un
algorithme régulier.

Mais cet algorithme est d'une haute importance, il est pour la méthode d'exhaustion ce
qu'est l'algèbre ordinaire pour la pure synthèse;
les anciens ne connaissaient que la synthèse et la
méthode d'exhaustion, qui n'est elle-même qu'une
branche de la synthèse: les modernes en imaginant l'algèbre ordinaire et l'algorithme infinitésimal, se sont procuré des avantages immenses.
C'est un instrument avec lequel ils abrègent et

facilitent le travail de l'esprit, en le réduisant pour
ainsi dire en travail mécanique. Les symboles
algébriques ne sont pas seulement, ce qu'est l'écri-
ture à la pensée, un moyen de la peindre et de
la fixer; ils réagissent sur la pensée même, ils la
dirigent jusqu'à un certain point, et il suffit de les
déplacer sur le papier, suivant certaines règles
fort simples, pour arriver infailliblement à de
nouvelles vérités.

160. Les symboles algébriques font plus: ils
introduisent dans les combinaisons, des formes
purement imaginaires, des êtres fictifs qui ne
peuvent exister ni même être compris, et qui
cependant n'en sont pas moins utiles. On les
emploie auxiliairement comme termes de comparaison, pour faciliter le rapprochement des
véritables quantités dont on veut obtenir la relation, et on les élimine ensuite par des transformations qui ne sont elles-mêmes pour ainsi
dire que l'ouvrage de la main.

Cet admirable instrument des sciences exactes
n'a pu être que le produit des recherches accumulées des plus profonds génies, et peut-être de
quelques hasards heureux. Mais il ne faut pas
perdre de vue que ce n'est qu'un instrument fait
pour seconder les efforts de l'imagination et non
pour en détendre les ressorts, c'est toujours un

moyen indirect inventé pour suppléer à la fai-
blesse de notre esprit; on ne doit l'employer qu'à
regret, et pour vaincre les difficultés ou généraliser les questions, et c'est un abus que d'y recourir sans aucun besoin, comme dans les premiers élémens des sciences, où il cause plus d'em-
barras qu'il ne jette de véritables lumières.

161. Bien loin d'employer l'analyse à établir
les vérités élémentaires, nous devons les dégager
de tout ce qui nous empêche de les apercevoir
le plus distinctement possible, et de reconnaître
le chemin qui y conduit. Ceux qui réussissent à
nous faire voir presque intuitivement des résultats
auxquels on n'était parvenu avant eux, que par
le secours d'une analyse compliquée, ne nous
procurent-ils pas toujours autant de plaisir que
de surprise? pourvu que ce ne soit jamais que
d'une manière simple, et sans augmenter les difficultés.

162. Les principes de l'algèbre ordinaire sont
beaucoup moins clairs et moins bien établis que
ceux de l'analyse infinitésimale, en ce qui distingue
celle-ci de la première (1) ; la métaphysique de la

_____

(1) *Voyez* la note qui a été mise à la suite de cet Ouvrage,
parce qu'elle était trop longue pour être placée ici.

règle des signes, lorsqu'on veut l'approfondir, est bien autrement difficile que celle des quantités infiniment petites : jamais cette règle n'a été démontrée d'une manière satisfaisante; elle ne paraît pas même susceptible de l'être, et cependant elle sert de base à toute l'algèbre : que gagne-t-on donc à substituer celle-ci à l'analyse infinitésimale? puisque les procédés de la première sont d'ailleurs beaucoup plus compliqués que ceux de la seconde, pour les objets qui sont du ressort naturel de celle-ci.

Jamais l'expression analytique d'un objet ne peut être aussi nette que la perception immédiate de cet objet lui-même : c'est regarder dans un miroir ce qu'on peut voir directement. Cette expression analytique peut être embarrassée de formes imaginaires ou indiquer des opérations inexécutables : définir un objet sensible par de semblables expressions, c'est non-seulement employer inutilement un moyen indirect, mais c'est représenter une chose claire d'elle-même par un symbole qui l'est beaucoup moins : je citerai à ce sujet un passage bien remarquable d'Euler, l'analyste par excellence du siècle dernier. (*Mémoires de l'Académie de Berlin, année* 1754.)

« Il y a des personnes, dit-il, qui prétendent » que la géométrie et l'analyse ne demandent

» pas beaucoup de raisonnemens, ils s'imaginent
» que les règles que ces sciences nous prescrivent,
» renferment déjà les connaissances nécessaires
» pour parvenir à la solution, et qu'on n'a qu'à
» exécuter les opérations conformément à ces
» règles, sans se mettre en peine des raisonne-
» mens sur lesquels ces règles sont fondées. Cette
» opinion, si elle était fondée, serait bien con-
» traire au sentiment presque général, où l'on
» regarde la géométrie et l'analyse comme les
» moyens les plus propres à cultiver l'esprit et
» à mettre en exercice la faculté de raisonner.
» Quoique ces gens aient une teinture des mathé-
» matiques, il faut pourtant qu'ils se soient peu
» appliqués à la résolution des problèmes un peu
» difficiles; car ils se seraient bientôt aperçus
» que la seule application des règles prescrites
» est d'un bien faible secours pour résoudre ces
» sortes de problèmes, et qu'il faut auparavant
» examiner bien sérieusement toutes les circons-
» tances du problème, et faire là-dessus quantité
» de raisonnemens, avant qu'on puisse employer
» ces règles, qui renferment le reste des raison-
» nemens dont nous ne nous apercevons presque
» point en poursuivant le calcul. C'est cette pré-
» paration nécessaire avant que de recourir au
» calcul, qui exige très souvent une plus longue
» suite de raisonnemens, que peut-être aucune

» autre science n'exige jamais ; et où l'on a ce
» grand avantage, qu'on peut s'assurer de leur
» justesse, pendant que dans les autres sciences
» on est souvent obligé de s'arrêter à des raison-
» nemens peu convaincans. Mais aussi le calcul
» même, quoique l'analyse en prescrive les règles,
» doit partout être soutenu par un raisonnement
» solide, au défaut duquel on court risque de se
» tromper à tout moment. Le géomètre trouve
» donc partout occasion d'exercer son esprit par
» des raisonnemens qui le doivent conduire dans
» la solution de tous les problèmes difficiles qu'il
» entreprend ; et à moins qu'il ne soit bien sur
» ses gardes, il est à craindre qu'il ie tombe sur
» des solutions fausses. »

163. La règle doit être, ce me semble, de
prendre toujours la voie la plus simple, et à difficultés égales, de prendre la plus lumineuse :
aucun moyen ne doit être exclusif. Ainsi pour en
revenir à notre objet, parmi les méthodes dont
nous avons parlé, il faut, pour l'usage habituel,
choisir celle qui mène en général au but, par la
route la plus courte et la plus facile, mais sans
rejeter aucune des autres, parce que ce sont
d'abord en elles-mêmes de belles spéculations
pour l'esprit, et ensuite parce qu'il n'y en a pas
une, peut-être, qui ne puisse conduire à quelque

vérité jusqu'alors inconnue, ou procurer dans certains cas un résultat inattendu, ou une solution plus élégante que toutes les autres.

164. Mais parmi toutes ces méthodes qui ont leur origine commune dans la méthode d'exhaustion des anciens, quelle est celle qui offre le plus d'avantage pour l'usage habituel? il me semble qu'il est généralement convenu que c'est l'analyse leibnitzienne.

Les travaux de Descartes, de Pascal, de Fermat, de Huyghens, de Barrow, de Roberval, de Wallis, de Newton, surtout, prouvent que l'on touchait depuis long-temps à cette grande découverte lorsqu'elle fut proclamée par Leibnitz; et je pense qu'il n'est aucun de ces illustres géomètres qui ne l'eût faite, s'il eût soupçonné qu'il y avait à cet égard une grande découverte à faire; c'est-à-dire, qu'il n'y en a pas un d'entre eux qui n'eût trouvé un moyen pour réduire en algorithme la méthode d'exhaustion, si l'idée lui fût venue de la chercher, et qu'il eût prévu toute la fécondité dont pourrait être quelque jour un pareil moyen. Peut-être même que parmi les divers algorithmes créés par tant de génies originaux, il s'en serait trouvé quelques-uns qui eussent obtenu la préférence sur celui de Leibnitz, que l'habitude a consacré parmi nous, non moins que les précieux et immenses travaux qui sont aujourd'hui revêtus des formes de cet algorithme.

165. « On peut, dit Lagrange, regarder Fermat
» comme le premier inventeur des nouveaux
» calculs.

» Barrow imagina de substituer aux quantités
» qui doivent être supposées nulles suivant Fer-
» mat, des quantités réelles, mais infiniment pe-
» tites, et il donna, en 1674, sa méthode des
» tangentes, où il considère la courbe comme un
» polygone d'une infinité de côtés; mais ce calcul
» n'était encore qu'ébauché, car il ne s'appliquait
» qu'aux expressions rationnelles.

» Il restait donc à trouver un algorithme simple
» et général, applicable à toutes sortes d'expres-
» sions, par lequel on pût passer directement et
» sans aucune réduction, des formules algébriques
» à leurs différentielles. C'est ce que Leibnitz a
» donné dix ans après. Il paraît que Newton était
» parvenu, dans le même temps ou un peu aupa-
» ravant, aux mêmes abrégés de calcul pour les
» différentiations. Mais c'est dans la formation des
» équations différentielles et dans leur intégration,
» que consiste le grand mérite et la force prin-
» cipale des nouveaux calculs; et sur ce point il
» me semble que la gloire de l'invention est

» presque uniquement due à Leibnitz, et surtout
» aux Bernoulli. »

166. Il paraîtrait bien difficile maintenant de
quitter la route qui nous a été ouverte par ces
illustres géomètres; de se rompre à une nouvelle
manière de voir, à une nouvelle notation, à de
nouvelles locutions. Lagrange lui-même reconnaît, comme nous l'avons déjà dit (157), que la
méthode infinitésimale, telle qu'on l'emploie aujourd'hui, est un moyen sûr d'abréviation et de
simplification, et il a cru devoir les adopter dans
la nouvelle édition de sa *Mécanique analytique,*
de préférence à ceux qu'il venait de proposer lui-
même dans sa *Théorie des fonctions analytiques.*
Il est donc à présumer qu'il n'a considéré ce
dernier ouvrage que comme un cadre propre à
rassembler sous un même point de vue, une multitude d'artifices analytiques qu'il avait découverts
dans le cours de ses travaux, et afin d'avoir une
occasion de développer méthodiquement les
prodigieuses ressources de son génie pour le
calcul.

167. J'ai ouï dire plusieurs fois à ce profond
penseur, que le véritable secret de l'analyse con-
sistait dans l'art de saisir les divers degrés d'indétermination dont la quantité est susceptible ;

idée dont je fus toujours pénétré, et qui m'a fait
regarder la méthode des indéterminées de Descartes comme le plus important des corollaires
de la méthode d'exhaustion.

En effet, dans toutes les branches de l'analyse
prise généralement, nous voyons que ses procédés sont toujours fondés sur les divers degrés
d'indétermination des quantités qu'elle compare.
Un nombre abstrait est moins déterminé qu'un
nombre concret, parce que celui-ci spécifie non-
seulement le combien du nombre, mais encore
la qualité de l'objet soumis au calcul; les quantités algébriques sont plus indéterminées que les
nombres abstraits, parce qu'elles ne spécifient pas
même le combien : parmi ces dernières, les variables sont plus indéterminées que les constantes,
parce que celles-ci sont considérées comme fixes
pendant une plus longue période de calcul; les
quantités infinitésimales sont plus indéterminées
que les simples variables, parce qu'elles demeurent
encore susceptibles de mutation, lors même qu'on
est déjà convenu de considérer les autres comme
fixes; enfin les variations sont plus indéterminées
que les simples différentielles, parce que celles-ci
sont assujéties à varier suivant une loi donnée,
au lieu que la loi suivant laquelle on fait changer
les autres est arbitraire. Rien ne termine cette
échelle des divers degrés d'indétermination, et

c'est précisément dans cet assemblage de quantités plus ou moins définies, plus ou moins arbitraires, qu'est le principe fécond de la méthode
générale des indéterminées, dont le calcul infinitésimal n'est véritablement qu'une heureuse application.

  Ces quantités, qui d'une part sont liées à l'état
de la question, tandis que de l'autre on demeure
libre de leur attribuer des valeurs plus ou moins
grandes, ces quantités, dis-je, qui sont en quelque
sorte semi-arbitraires, nous font sentir la nécessité de la distinction que nous avons établie entre
les quantités désignées et les quantités non désignées; distinction qui n'est pas la même que
celle qui existe entre les constantes et les variables; car les quantités désignées comprennent
les constantes et les variables dont on cherche
la relation, ou qui en sont des fonctions exclu-
sives; c'est-à-dire, toutes celles qui peuvent entrer
dans le résultat du calcul, tandis que les quantités
non désignées en sont nécessairement exclues.
Celles-ci ne peuvent donc entrer que comme
auxiliaires; elles ne servent qu'à rendre plus facile
l'expression des conditions du problème; après
quoi tous les soins du calculateur doivent se diriger vers leur élimination, qui est indispensable
dans tous les cas, et qui annonce toujours, quand
elle est faite, que ce calcul perd dès lors son

14

premier caractère de calcul infinitésimal, pour
rentrer dans le domaine de l'algèbre ordinaire.

168. La méthode des limites ou des premières
et dernières raisons, ne dispense point de la distinction au moins tacite, de ces quantités désignées et non désignées; car la limite d'une quantité n'est autre chose que le terme dont cette
autre quantité est supposée s'approcher continuellement, jusqu'à en différer aussi peu qu'on le
veut. Cette limite est donc considérée comme
fixe, et par conséquent comme une quantité désignée, tandis que l'autre pouvant s'approcher de
cette limite autant qu'on le veut, reste toujours
arbitraire ou non désignée, et ne peut entrer dans
le résultat du calcul.

169. On voit par là que l'expression de limite
n'est ni plus ni moins difficile à définir exactement, que celle de quantité infiniment petite, et
que par conséquent c'est une erreur de croire
que la méthode des limites soit plus rigoureuse
que celle de l'analyse infinitésimale ordinaire; car
pour procéder en rigueur par la méthode des
limites, il faut préalablement définir ce que c'est
qu'une limite : or la différence d'une quantité quelconque à sa limite, est précisément ce qu'on nomme
ou ce qu'on doit nommer une quantité infiniment

petite; l'une n'est donc pas plus difficile à comprendre que l'autre, et si la méthode des limites
est exacte, comme on ne saurait en douter, il n'y
a aucune raison pour que l'analyse infinitésimale
ne le soit pas.

170. Mais celle-ci a sur la première de très
grands avantages, c'est que dans la méthode des
limites on ne se permet point de faire entrer
séparément dans le calcul ces quantités semi-
arbitraires que nous appelons quantités non désignées, on n'y admet pas même leurs rapports,
mais seulement les limites de ces rapports,
lesquelles sont des quantités désignées. Par là
on est privé des moyens de combinaison et de
transformation, que procure à l'analyse infinitésimale, la faculté qu'elle se donne et qu'elle démontre
avoir le droit de se donner, d'opérer isolément
sur ces quantités auxiliaires, faculté qui constitue
l'un des principaux avantages de son algorithme.
L'analyse infinitésimale est donc un perfectionnement de la méthode des limites, c'est un usage
plus étendu, plus hardi, de la première, et qui
n'en est ni moins exact ni moins lumineux.

171. Au reste, ce n'est pas dans l'exposé même
des principes que peut se faire sentir l'avantage
de la méthode infinitésimale sur toutes les autres.

14.

Toutes sont à peu près également claires dans leurs principes; mais il n'est pas également facile de les appliquer à des questions particulières. La principale difficulté est alors de mettre les problèmes en équation, ce qui, au contraire, est généralement très facile dans la méthode infinitésimale : parce que dès qu'on se refuse à admettre franchement dans le calcul, l'espèce de quantités que nous avons nommées infiniment petites; les moyens de comparaison se trouvent restreints; on est obligé de prendre des détours pour arriver au même but, et cette difficulté se fait bien moins sentir encore dans les phrases algébriques et dans les opérations quelconques, que dans les propositions ou raisonnemens qui les préparent ou qui suppléent à ces opérations. Un exemple suffira pour faire sentir à cet égard la supériorité de la méthode infinitésimale.

Proposons-nous d'énoncer le fameux principe des vitesses virtuelles. Le voici, d'après Lagrange, dans sa *Mécanique analytique* :

     « *Si un système quelconque de tant de corps* » *ou points que l'on veut, tirés chacun par des* » *puissances quelconques, est en équilibre, et* » *qu'on donne à ce système un petit mouve-* » *ment quelconque, en vertu duquel chaque* » *point parcourt un espace infiniment petit*

» *qui exprimera sa vitesse virtuelle, la somme*
» *des puissances multipliées chacune par l'es-*
» *pace que le point où elle est appliquée, par-*
» *court suivant la direction de cette même*
» *puissance, sera égale à zéro, en regardant*
» *comme positifs les petits espaces parcourus*
» *dans le sens des puissances, et comme né-*
» *gatifs les espaces parcourus dans un sens*
» *opposé.* »

Maintenant je demande comment ceux qui re-
jettent les expressions admises dans le calcul infinitésimal, pourront énoncer cette proposition
aussi clairement que nous venons de le faire d'a-
près le célèbre auteur de la *Mécanique analytique?* Or, toutes les mathématiques ne sont,
à proprement parler, qu'une suite de locutions
semblables : ce serait donc se jeter dans des longueurs et des difficultés inextricables que de les
abandonner : il faudrait pour s'y déterminer, qu'on
pût craindre quelques erreurs dans les résultats.
Or tout le monde convient que la méthode est infaillible dans ses résultats.

172. Il faut remarquer que dans les recherches
mathématiques, c'est naturellement sur les quantités appelées infiniment petites elles-mêmes, que
se fixe l'imagination, et non sur les limites de
leurs rapports. Si l'on me demande le volume

d'un corps terminé par une surface courbe, j'imagine réellement ce volume partagé en un grand
nombre de tranches ou même de particules. Ce
sont bien ces tranches ou ces particules elles-
mêmes que je considère, et non les divers rapports
qu'elles peuvent avoir entre elles, et encore moins
les limites de ces rapports. Mon imagination
cherche un objet sensible; des formes purement
algébriques ne lui offriraient rien que de vague.
La division du volume en tranches ou particules
m'offre un tableau, éclaire mon esprit, le guide,
et facilite la solution. Je regarde l'une de ces particules comme l'élément de la quantité totale, que
je considère en effet comme la somme de tous
ces élémens : je cherche donc l'expression différentielle qui doit représenter cette particule, en
négligeant ce que les règles du calcul m'autorisent
à omettre. J'applique alors à cette expression
différentielle, les formules connues du calcul intégral, et c'est ainsi que je parviens sans beaucoup de peine, à résoudre tel problème qui aurait
peut-être résisté à tous les efforts de la méthode
d'exhaustion, ou de toute autre dans laquelle on
ne pourrait faire usage des moyens d'abréviation
et de simplification, que fournit la méthode infinitésimale.

175. Il est permis de considérer les quantités

infiniment petites, ou comme de véritables quantités, ou comme absolument nulles; mais l'imagination s'accommode encore mieux, ce me semble, de la méthode qui considère les objets comme
effectifs, que de celle qui les regarde comme réduits à zéro. La loi de continuité même, qui seule
peut fixer dans chaque cas la valeur de chacune
des fractions $\frac{0}{0}$, lesquelles sans cela resteraient indéterminées, oblige à les comparer avant qu'elles
ne s'évanouissent entièrement. D'ailleurs toutes
ces quantités doivent être éliminées, et peuvent
l'être sans leur attribuer aucune valeur déterminée : c'est donc au moins une chose superflue,
que de les supposer égales à zéro; c'est particula-
riser la question quand on peut s'en dispenser, et
par conséquent, c'est la résoudre d'une manière
moins élégante.

174. Le mérite essentiel, le sublime, on peut
le dire, de la méthode infinitésimale, est de réunir
la facilité des procédés ordinaires d'un simple
calcul d'approximation, à l'exactitude des résultats
de l'analyse ordinaire. Cet avantage immense
serait perdu, ou du moins fort diminué, si à cette
méthode pure et simple, telle que nous l'a donnée
Leibnitz, on voulait, sous l'apparence d'une plus
grande rigueur soutenue dans tout le cours du
calcul, en substituer d'autres moins naturelles,

moins commodes, moins conformes à la marche
probable des inventeurs. Si cette méthode est
exacte dans les résultats, comme personne n'en
doute aujourd'hui, si c'est toujours à elle qu'il
faut en revenir dans les questions difficiles, comme
il paraît encore que tout le monde en convient,
pourquoi recourir à des moyens détournés et compliqués, pour la suppléer? Pourquoi se contenter
de l'appuyer sur des inductions et sur la conformité de ses résultats avec ceux que fournissent
les autres méthodes, lorsqu'on peut la démontrer
directement et généralement, plus facilement,
peut-être, qu'aucune de ces méthodes elles-
mêmes? Les objections que l'on a faites contre
elle portent toutes sur cette fausse supposition,
que les erreurs commises dans le cours du calcul,
en y négligeant les quantités infiniment petites,
sont demeurées dans le résultat de ce calcul, quelque petites qu'on les suppose : or c'est ce qui n'est
point : l'élimination les emporte toutes nécessairement, et il est singulier qu'on n'ait pas aperçu
d'abord dans cette condition indispensable de l'é-
limination, le véritable caractère des quantités
infinitésimales, et la réponse dirimante à toutes les
objections.

NOTE

Relative au n° 162 de l'Ouvrage précédent.

——————

1. Il y a une analogie remarquable entre la théorie des quantités négatives isolées et celle des quantités infinitésimales, en ce que les unes et les autres ne sauraient jamais être employées qu'auxiliairement, et qu'elles doivent nécessairement disparaître des résultats du calcul, pour que ces résultats deviennent parfaitement exacts et intelligibles: jusque alors ce ne sont que des formes algébriques plus ou moins implicites, et qui ne sont susceptibles d'aucune application immédiate.

2. Il paraît beaucoup plus difficile d'expliquer nettement ce qu'est une quantité négative isolée, que de comprendre ce qu'est une quantité infinitésimale; car celle-ci, comme on l'a vu, est une quantité effective; au lieu que l'autre est un être de raison, puisqu'on ne pourrait l'obtenir que par une opération inexécutable.

3. Avancer qu'une quantité négative isolée est moindre que o, c'est couvrir la science des mathématiques, qui doit être celle de l'évidence, d'un nuage impénétrable, et s'engager dans un labyrinthe de paradoxes tous plus bizarres les uns que les autres : dire que ce n'est qu'une quantité opposée aux quantités positives, c'est ne rien dire du tout; parce qu'il faut expliquer ensuite ce que c'est que ces quantités opposées, recourir pour cette explication à de nouvelles idées premières semblables à celles de la matière, du temps et de l'espace, c'est déclarer qu'on regarde la difficulté comme insoluble, et c'est en faire naître de nouvelles, car si l'on me donne pour exemple de quantités opposées, un mouvement vers l'orient et un mouvement vers l'occident, ou un mouvement vers le nord et un mouvement vers le sud; je demanderai ce que c'est qu'un mouvement vers le nord-est, vers le nord-ouest, vers le sud-sud-ouest, etc., et de quels signes ces quantités devront être affectées dans le calcul?

La ressource des idées premières est sans doute commode pour éluder les difficultés, mais elle est peu philosophique, lorsqu'elle n'est pas indispensable. La métaphysique des sciences peut ne pas contribuer beaucoup au progrès des méthodes, mais il y a des personnes qui s'en font une étude favorite, et c'est pour eux que j'ai composé cet opuscule. On pourrait également renvoyer la notion de l'infini mathématique aux idées premières, et les calculs fondés sur cette notion n'en seraient pas moins susceptibles de toutes les applications qu'on en fait : cependant, dit d'Alembert, « cette métaphysique, dont on a tant écrit, » est encore plus importante, et peut-être plus » difficile à développer que les règles même de ce » calcul. »

Il me semble qu'on peut dire la même chose des quantités négatives isolées, et l'on peut en juger par les discussions dont elles ont été l'objet parmi les plus célèbres géomètres.

4. J'ai développé ailleurs ce qui m'a paru être la véritable théorie de ces sortes de quantités, et cette théorie a reçu un accueil favorable parmi les savans. La seule objection que je sache y avoir été faite, est qu'elle peut paraître moins simple dans la pratique, que celle qui était généralement adoptée. Cet inconvénient, je l'avoue, serait considérable s'il existait, mais comme je crois que c'est tout le contraire, je vais tâcher de résumer ici cette théorie le plus brièvement possible.

PRINCIPE FONDAMENTAL.

5. *Toute valeur négative trouvée pour une inconnue, par la résolution d'une équation, exprime, abstraction faite du signe de cette valeur, la différence de deux autres quantités, dont la plus grande a été prise pour la plus petite, et la plus petite pour la plus grande, dans l'expression des conditions du problème.*

Dém. Pour mettre un problème en équations, on commence toujours par procéder comme dans la synthèse; c'est-à-dire, que toutes les quantités sur lesquelles on établit le raisonnement, sont considérées comme absolues. Donc si la solution du problème est possible, et qu'on n'ait point fait de fausses suppositions, on doit aussi trouver, pour chaque quantité une valeur absolue. Donc si au contraire on ne trouve qu'une valeur négative ou imaginaire, on peut déjà conclure qu'il se trouve nécessairement quelque incompatibilité entre les conditions du problème et les hypothèses sur lesquelles le calcul est établi.

Maintenant pour connaître en quoi consistent ces fausses suppositions qu'on peut avoir faites, je nomme x l'inconnue pour laquelle on a trouvé une valeur négative, et je suppose que cette valeur négative soit $-p$, on a donc trouvé $x = -p$,

équation dans laquelle p est une quantité absolue :
soit cette quantité absolue $p = m - n$, m et n
étant aussi des quantités absolues. Nous aurons
par conséquent $m > n$; mais, puisqu'au contraire
dans la mise en équation on a considéré x comme
une quantité absolue, on a donc aussi supposé
que sa valeur $-p$ était une quantité absolue,
c'est-à-dire, qu'on a regardé $-(m-n)$ ou
$(n-m)$ comme une quantité absolue. On a
donc supposé $n > m$, tandis qu'au contraire on a
réellement, comme on l'a vu ci-dessus, $m > n$.
Donc la fausse supposition qui a été faite, consiste
en ce que des deux quantités m, n, dont p est
la différence, la plus grande m a été prise pour la
plus petite et la plus petite pour la plus grande :
et puisque cette quantité absolue p n'est autre
chose que la valeur $-p$ trouvée pour l'inconnue, en faisant abstraction du signe, il s'ensuit
que *toute valeur négative, etc.; ce qu'il fallait
démontrer.*

6. On ne peut pas dire précisément que l'é-
quation $x = -p$ soit fausse, puisqu'elle exprime
exactement les conditions proposées et les hypothèses sur lesquelles le calcul est établi ; mais ce
sont ces conditions elles-mêmes ou ces hypothèses, qui étant contradictoires entre elles, empêchent que le résultat du calcul ne puisse avoir

lieu sans modifications. Il s'agit donc de trouver quelles sont les modifications propres à rendre ce résultat explicite, sans en altérer l'exactitude, c'est-à-dire propres à le dégager des quantités inintelligibles qu'il contient, ou des opérations inexécutables, qu'il indique. Or pour cela il y a deux corrections à faire : la première consiste à changer le signe de l'inconnue dans les expressions algébriques qui la contiennent, afin que sa valeur dans l'équation finale devienne positive : la seconde est de faire aux conditions et hypothèses sur lesquelles le calcul est établi, un changement analogue, afin que les expressions algébriques se trouvent être toujours exactement la traduction de ces conditions et hypothèses : c'est sur quoi il n'y a pas plus de règles à donner que sur la manière de mettre un problème en équations : mais avec un peu d'habitude on aperçoit pour l'ordinaire très facilement quel doit être le résultat de ces modifications, et l'on se borne à faire la correction nécessaire dans la solution indiquée par l'équation finale, sans prendre la peine de recommencer le calcul : c'est ce qu'on appelle *prendre les valeurs négatives en sens contraire des valeurs positives;* ou *prendre l'inconnue dans un sens contraire à celui qu'on lui avait attribué dans l'expression des conditions du problème.* La nouvelle théorie ne change abso-

lument rien à cet égard aux anciens procédés ;
elle ne fait qu'en rendre raison, et en démontrer
l'exactitude.

7. Supposons, par exemple, que voulant connaître quelle est la valeur d'un gain présumé, on
ait représenté ce gain par x, et qu'on ait trouvé
pour équation finale

$$x = - p;$$

tout le monde en conclut sans hésiter, qu'au lieu
d'un gain présumé, il y a une perte réelle, qui
est égale à p. Mais il s'agit de le démontrer. Or,
d'après les principes exposés ci-dessus, voici
comment je raisonne.

Puisque x est un gain présumé, si je nomme
m la fortune du joueur après l'événement de ce
gain, et n sa fortune avant l'événement, le problème aura été mis en équations dans l'hypothèse
qu'on avait

$$x = m - n,$$

et par conséquent $m > n$; donc puisqu'on a trouvé

$$x = - p,$$

on a supposé aussi

$$m - n = - p \quad \text{ou} \quad n - m = p,$$

donc p étant une quantité absolue, on a supposé

$n > m$. On a donc supposé d'une part $m > n$, et de l'autre $n > m$; donc on a fait tout ensemble deux hypothèses contradictoires.

Mais puisque n est la fortune du joueur avant l'événement et m après; le résultat du calcul qui donne $n > m$ annonce que le joueur a perdu au lieu de gagner; c'est-à-dire, que pour redresser l'hypothèse sur laquelle le calcul était établi, il faut regarder x comme représentant une perte et non un gain, et pour ne pas altérer par là l'exactitude du calcul, il faut en même temps changer le signe, ce qui donnera alors

$$-x = -p \quad \text{ou} \quad x = p.$$

8. Ce raisonnement peut s'appliquer à tout autre cas, mais il n'est pas nécessaire de le répéter à chaque fois, de même qu'il n'est pas nécessaire de répéter la démonstration d'une proposition quelconque chaque fois qu'on en fait usage, il suffit qu'on puisse la donner au besoin; de même il suffit d'avoir établi le principe fondamental, pour demeurer convaincu qu'il est plus qu'inutile de recourir à des assertions aussi étranges que celle de dire, par exemple, qu'une perte est un gain négatif; ce n'est pas parce qu'une perte est un gain négatif qu'il a fallu substituer $-x$ à x et changer en même temps la dénomination de

gain en celle de perte; mais uniquement parce qu'on s'était trompé dans la mise en équation, en appelant gain ce qui était perte. Il a donc fallu rétablir la véritable dénomination, et rectifier en même temps la fausse conséquence qu'on avait tirée de la première supposition.

On peut bien dans la conversation, dire qu'une perte est un gain négatif, parce que les expressions figurées y sont admises; mais elles sont absolument inintelligibles en mathématiques. Supposons que des joueurs assis autour d'une table, soient convenus que le dixième du profit sera mis dans un tronc pour les pauvres : ne rirait-on pas de celui qui à la fin du jeu, viendrait réclamer 100 écus sur le tronc, sous prétexte qu'ayant fait un gain négatif de 1000 écus, il doit retirer du tronc autant qu'il y aurait mis si son gain eût été positif? Ne lui dirait-on pas : nous comprenons tous que vous avez perdu 1000 écus, et nous en sommes fâchés pour vous; mais il n'en faut pas moins que vos 100 écus restent dans le tronc, parce que votre langage, tout clair qu'il est pour dépeindre votre aventure, n'est pas celui dont on se sert quand il s'agit de compter? dans le calcul il faut appeler chaque chose par son nom.

9. Maintenant pour généraliser cette doctrine, concevons un système quelconque variable de

quantités. Supposons que les rapports ou relations quelconques qui existent entre ces quantités, soient exprimées par des formules explicites, c'est-à-dire, qui ne renferment que des quantités absolues et des opérations immédiatement exécutables.

Soient m et n deux quelconques de ces quantités, dont l'une au moins soit supposée variable, et que ces deux quantités, par l'effet des changemens qu'éprouve le système, deviennent alternativement chacune la plus grande des deux ; supposons enfin que les formules demeurent les mêmes pour toutes les valeurs qu'on attribuera aux deux quantités m et n; cela posé, je nomme p la différence variable de ces deux quantités m, n, c'est-à-dire, la plus grande moins la plus petite. Puisque par hypothèse m, n, sont des quantités absolues, et qu'elles deviennent alternativement chacune plus grande que l'autre, il suit que la quantité p sera aussi toujours une quantité absolue, et que l'on aura tantôt $p = m - n$, et tantôt $p = n - m$, suivant qu'on aura $m > n$ ou $n > m$.

Représentons par p' la quantité p pour le cas où l'on a $m > n$, et par p'' pour le cas où l'on a $n > m$: cela posé, les valeurs de p' sont toutes appelées *directes* les unes à l'égard des autres, aussi bien que toutes les valeurs de p'' entre elles;

mais les valeurs de p' sont dites *inverses* à l'égard des valeurs de p'', et réciproquement.

Ces quantités n'en sont pas moins toutes des quantités absolues, puisqu'elles n'expriment jamais que la plus grande des deux quantités absolues m, n, moins la plus petite; mais elles ne sauraient avoir lieu simultanément, et elles se rapportent à différens états consécutifs du système.

Maintenant considérons ce système dans un état quelconque, et que dans les formules qui s'y rapportent, se trouve la quantité p'. Voyons comment je pourrais en éliminer cette quantité p', et y faire entrer à sa place la quantité p'' inverse à l'égard de l'autre.

Je commence par mettre au lieu de p' la quantité $(m - n)$ qui lui est égale : ensuite j'observe que les formules s'appliquent par hypothèse à toutes les valeurs qui doivent être attribuées à m et à n, lesquelles peuvent devenir alternativement chacune plus grande que l'autre; je puis donc supposer que le système change de manière que n devienne plus grande que m, sans que ces formules entre m et n cessent d'avoir lieu. Supposons donc en effet $n > m$; $m - n$ devient une quantité inintelligible, je la mets sous cette forme $-(n - m)$, et puisque nous avons alors $(n - m) = p'$, nous aurons $-p'$ à substituer à $-(n - m)$ qui avait elle-même été substituée

15..

à $(m - n)$ et celle-ci à p'. Donc le tout se réduit à substituer immédiatement $- p''$ au lieu de p', ou, ce qui revient au même, il n'y a qu'à mettre partout p, et lorsqu'on voudra passer d'un état du système à l'autre, il faudra, 1° changer le signe de cette quantité absolue; 2° lui attribuer en même temps la signification d'une quantité inverse relativement à celle qu'on lui avait attribuée d'abord : opération semblable à celle que nous avons indiquée ci-dessus pour le gain et la perte. De là nous pouvons conclure ce principe général :

10. *Toutes les fois qu'on veut passer d'un état quelconque du système à un autre, et rendre immédiatement applicables à celui-ci les formules qui étaient immédiatement applicables au premier; il faut changer le signe de toutes les quantités qui se trouvent respectivement inverses, de l'un à l'autre de ces états différens du même système.*

Et réciproquement :

Si dans les formules qui sont immédiatement applicables à un état quelconque du système, on vient à changer le signe d'une ou de plusieurs des quantités qui y entrent, les formules ainsi modifiées n'appartiendront plus au même état de système, mais à un autre, dont les quantités qui ont été changées de signe, se trouvent respectivement inverses, à l'égard de leurs correspondantes dans le premier état du système.

11. Si l'on ne changeait pas le signe des quantités qui dans le nouvel état du système, se trouvent inverses à l'égard de leurs correspondantes dans le premier, il est évident qu'en tirant leurs valeurs par la résolution des équations, ces valeurs seraient négatives, parce qu'elles porteraient partout le signe contraire à celui qu'elles doivent avoir; c'est ce qui fait que l'on exprime ordinairement cet état de choses, en disant que ces quantités deviennent négatives : mais cette expression est très impropre, et capable d'induire en erreur, car ce ne sont point ces quantités elles-mêmes qui deviennent négatives, mais ce sont seulement les valeurs que leur assignent les équations. Or, ces valeurs sont fausses, les véritables valeurs sont celles qui n'ont lieu que quand le changement de signe est fait; jusque-là l'opération n'est pas complète, les quantités appartiennent au nouvel état du système quant à leurs valeurs absolues, et à l'ancien, quant aux signes dont elles sont affectées.

Il ne faut donc point perdre de vue que les quantités dites inverses ne le sont jamais que

respectivement d'un état à l'autre du même système; que ce ne sont jamais que des quantités
absolues, qui se trouvent tantôt positives, tantôt
négatives, suivant les transformations que l'on
fait subir aux équations où elles se trouvent; et
qu'enfin aucune quantité n'est négative par sa
nature, mais seulement par le signe qui la précède transitoirement dans les expressions algébriques. Le signe *plus* marque l'addition, le signe
moins marque la soustraction, rien au-delà; tout
autre emploi de ces signes n'est que l'effet d'une
transformation algébrique, qui ne s'admet dans le
calcul que par induction.

12. C'est l'habitude du calcul qui apprend à
discerner tout de suite les quantités qui deviennent inverses, en passant d'un état à l'autre du
système, et qui par conséquent doivent changer
de signe lorsqu'on veut rendre immédiatement
applicable à ce second état du système les formules qui ne se rapportaient explicitement qu'au
premier. Tout le monde, par exemple, aperçoit
que quand on veut appliquer les formules trouvées
pour le cosinus d'un arc moindre que le quart
de la circonférence, au cosinus d'un arc plus grand
que le quart et moindre que les trois quarts, il
faut en changer le signe : mais ce n'est pas, comme
on le suppose ordinairement, que ce cosinus de-

vienne négatif ; il peut être tantôt négatif et tantôt
positif, suivant qu'on le fera passer d'un membre
de l'équation à l'autre, où il pourra se trouver ;
mais par lui-même, c'est toujours une quantité absolue, et c'est pour cette raison même qu'il faut
changer le signe qu'il avait dans les formules du
système primitif, c'est-à-dire, du premier quart de
circonférence sur lequel les raisonnemens ont été
établis. Autrement ces formules, qui étaient exactes
pour ce premier quadrans, ne le seraient pas pour
le second, comme cela se prouve évidemment en
cherchant directement par la synthèse les formules relatives à ce second quadrans.

En supposant d'une part, comme on le fait ordinairement, que les formules immédiatement applicables aux angles aigus le sont également aux
angles obtus, et de l'autre, que le cosinus des angles
obtus est négatif, on fait tout-à-la-fois deux fausses
suppositions ; mais ces fausses suppositions se
corrigent l'une par l'autre : car si l'on nomme a
l'angle aigu, on aura cos $a = 1 -$ sin verse a ; ainsi
en supposant que la même formule s'applique à
l'angle obtus, on suppose également que le cosinus
de celui-ci est $1 -$ sin verse a, tandis qu'au contraire
il est réellement sin verse $a - 1$. On met donc dans
le calcul $1 -$ sin verse a au lieu de sin verse $a - 1$,
ou $1 -$ sin verse a au lieu de $- (1 -$ sin verse $a)$, ou
cos a au lieu de $-$ cos a.

Mais comme en vertu de la seconde supposition, le cosinus d'un angle obtus est regardé comme négatif, c'est-à-dire, comme devant changer de signe dans le résultat du calcul, on remet dans ce résultat — cos a au lieu de cos a. De sorte que par les deux opérations successives on met d'abord cos a au lieu de — cos a, et ensuite — cos a au lieu de cos a, ce qui revient au même que si l'on n'avait rien changé. Mais on y a trouvé ainsi l'avantage de n'employer dans le cours du calcul qu'une même formule pour l'angle aigu et pour l'angle obtus.

13. De même pour les courbes, en regardant comme immédiatement applicable aux quatre régions, l'équation qui n'est immédiatement applicable qu'à une seule, on fait dans le cours du calcul une fausse supposition, mais on corrige cette fausse supposition dans le résultat de ce calcul, en y regardant comme négatives, c'est-à-dire, comme portant le signe contraire à celui qu'elles devraient avoir, les coordonnées qui se trouvent par rapport à leur axe, du côté opposé à celui pour lequel l'équation se trouvait en effet immédiatement applicable.

Tout cela se prouve facilement par la transformation des coordonnées, mais il est inutile de recommencer à chaque fois les raisonnemens qui

établissent cette espèce de compensation produite
par des hypothèses qui se corrigent l'une par
l'autre. Il faut considérer ces hypothèses comme
des moyens ingénieux de donner aux questions
plus de généralité, en réunissant sous une même
formule tous les problèmes du même genre, ou
qui sans être absolument identiques, ont cependant assez de connexion entre eux, pour qu'on
puisse passer de l'une à l'autre, par de simples
modifications dans les signes.

14. On connaît, par exemple, la formule

$$\cos (a+b) = \cos a \cos b - \sin a \sin b \ldots (A);$$

mais cette formule ne se rapporte immédiatement
qu'au cas où les trois arcs a, b, $a + b$, sont tous
moindres que le quart de la circonférence; car
si l'on voulait l'appliquer immédiatement et sans
modification aux arcs plus grands, on se trom-
perait, ainsi que l'on peut s'en convaincre facilement, en cherchant directement par la synthèse,
les formules propres aux différens cas. Or voici
ce que l'on fait pour étendre cette formule à tous
les cas. On la considère comme générale en effet,
pendant tout le cours du calcul, ce qui est une
fausse supposition; mais pour corriger dans le
résultat, l'effet de cette fausse supposition, on y
regarde comme négatifs les cosinus des arcs plus

grands que le quart de circonférence, et moins grands que les trois quarts, c'est-à-dire, comme devant changer de signe pour le second et le troisième quadrans, et quant aux sinus, on les regarde comme négatifs, c'est-à-dire, comme devant changer de signe pour le troisième et le quatrième quadrans; ce qui ramène dans chaque cas la formule à ce qu'elle doit être, c'est-à-dire, à ce qu'elle serait réellement, si on l'avait cherchée directement par la synthèse. Ainsi, par exemple, si a et b restant chacun moindre que le quart de circonférence, $a + b$ est cependant plus grand; il faudra donner le signe négatif à

$$\cos(a+b),$$

et la formule deviendra

$$-\cos(a+b) = \cos a \cos b - \sin a \sin b,$$

ou

$$\cos(a+b) = \sin a \sin b - \cos a \cos b \ldots (B);$$

formule qui est en effet celle que l'on trouve directement dans ce cas par la synthèse.

Représentons en général par siv et cov le sinus verse et le cosinus verse d'un arc quelconque; on aura pour l'équation du cercle

$$(1 - \text{siv})^2 + (1 - \text{cov})^2 = 1;$$

et cette équation s'applique immédiatement à tous les points de la circonférence : nous pouvons donc nous en servir pour donner à la formule (A) trouvée ci-dessus, toute la généralité dont elle est susceptible. Car si on élimine les sinus et cosinus pour y faire entrer les sinus verse et cosinus verse, on aura

$$1 - \operatorname{siv}(a+b) = (1 - \operatorname{siv} a)(1 - \operatorname{siv} b)$$
$$- (1 - \operatorname{cov} a)(1 - \operatorname{cov} b) \ldots \text{(C)};$$

formule qui est immédiatement applicable aux quatre régions de la circonférence, sans aucune modification.

Pour le premier quadrans, comme on a

$$\operatorname{siv}(a+b) < 1, \operatorname{siv} a < 1, \operatorname{siv} b < 1, \operatorname{cov} a < 1, \operatorname{cov} b < 1,$$

la formule entre les sinus et cosinus redeviendra la formule (A) elle-même. Pour le second quadrans, en supposant $(a+b)$ plus grand que le quart de circonférence, mais a et b chacun moindre, on aura :

$$\operatorname{siv}(a+b) > 1, \operatorname{siv} a < 1, \operatorname{siv} b < 1, \text{ etc.};$$

donc la formule deviendra :

$$- [\operatorname{siv}(a+b) - 1] = (1 - \operatorname{siv} a)(1 - \operatorname{siv} b)$$
$$- (1 - \operatorname{cov} a)(1 - \operatorname{cov} b),$$

ou en rétablissant les sinus et cosinus, et réduisant,

$$\cos (a + b) = \sin a \, \sin b - \cos a \, \cos b \, ;$$

équation conforme à la formule (B).

On doit donc regarder les formules (A) et (B) comme relatives à des cas particuliers, et comme dérivées d'une même formule générale qui les comprend toutes; c'est la formule (C), et lorsque dans l'usage habituel on emploie l'une de ces formules particulières, telles que (A) comme générale; on ne doit point oublier qu'elle ne fait réellement que représenter cette formule générale, jusqu'à ce que le moment soit venu d'y faire les modifications convenables : mais que ce n'est pas la formule générale elle-même, puisque si c'était elle, il n'y aurait besoin d'aucune modification.

15. Pour juger facilement quelles doivent être les modifications qui doivent avoir lieu dans chaque cas particulier, lorsqu'on n'emploie pas la formule générale, nous formerons le tableau suivant, qui contient les valeurs absolues de toutes les quantités angulaires relatives aux quatre régions du cercle, toutes exprimées en valeurs des sinus et cosinus verses.

Premier quadrans......Second quadrans......Troisième quadrans.....Quatrième quadrans.

$\sin a = 1 - \text{cov}\, a \ldots$ $\sin a = 1 - \text{cov}\, a \ldots$ $\sin a = \text{cov}\, a - 1 \ldots$ $\sin a = \text{cov}\, a - 1.$

$\cos a = 1 - \text{siv}\, a \ldots$ $\cos a = \text{siv}\, a - 1 \ldots$ $\cos a = \text{siv}\, a - 1 \ldots$ $\cos a = 1 - \text{siv}\, a.$

$\text{tang}\, a = \dfrac{1 - \text{cov}\, a}{1 - \text{siv}\, a} \ldots$ $\text{tang}\, a = \dfrac{1 - \text{cov}\, a}{\text{siv}\, a - 1} \ldots$ $\text{tang}\, a = \dfrac{\text{cov}\, a - 1}{\text{siv}\, a - 1} \ldots$ $\text{tang}\, a = \dfrac{\text{cov}\, a - 1}{1 - \text{siv}\, a},$

$\cot a = \dfrac{1 - \text{siv}\, a}{1 - \text{cov}\, a} \ldots$ $\cot a = \dfrac{\text{siv}\, a - 1}{1 - \text{cov}\, a} \ldots$ $\cot a = \dfrac{\text{siv}\, a - 1}{\text{cov}\, a - 1} \ldots$ $\cot a = \dfrac{1 - \text{siv}\, a}{\text{cov}\, a - 1}.$

$\sec a = \dfrac{1}{1 - \text{siv}\, a} \ldots$ $\sec a = \dfrac{1}{\text{siv}\, a - 1} \ldots$ $\sec a = \dfrac{1}{\text{siv}\, a - 1} \ldots$ $\sec a = \dfrac{1}{1 - \text{siv}\, a}.$

$\text{coséc}\, a = \dfrac{1}{1 - \text{cov}\, a} \ldots$ $\text{coséc}\, a = \dfrac{1}{1 - \text{cov}\, a} \ldots$ $\text{coséc}\, a = \dfrac{1}{\text{cov}\, a - 1} \ldots$ $\text{coséc}\, a = \dfrac{1}{\text{cov}\, a - 1}.$

16. Ce tableau dont la formation est évidente, indique tout de suite la modification qui doit être faite à chacune des formules qui se trouvent immédiatement applicables à un état quelconque du système pour les rendre immédiatement applicables à un autre : par exemple, en prenant pour terme de comparaison les formules relatives au premier quadrans, comme on le fait ordinairement. Nous y trouvons

$$\cos a = 1 - \operatorname{siv} a,$$

et pour le second quadrans nous trouvons

$$\cos a = \operatorname{siv} a - 1 ;$$

donc dans le second quadrans le cosinus est inverse à l'égard de ce qu'il est dans le premier quadrans. Donc suivant le principe général, pour rendre immédiatement applicables au second quadrans les formules qui se trouvent immédiatement applicables au premier, il faut y changer le signe du cosinus.

Comme dans ce second quadrans on a

$$\cos a = \operatorname{siv} a - 1 \quad \text{ou} \quad \cos a = -(1 - \operatorname{siv} a),$$

tandis que dans le premier on a au contraire

$$\cos a = (1 - \operatorname{siv} a) ;$$

on est dans l'usage d'exprimer cette corrélation des deux cosinus, en disant que le cosinus devient négatif dans le second quadrans ; mais c'est une expression impropre, comme nous l'avons déjà remarqué : le cosinus n'est négatif, ni dans le premier, ni dans le second quadrans, ni dans aucun autre; pour qu'il fût négatif dans le second quadrans, par exemple, il faudrait que sa valeur qui est alors, comme on vient de le voir,

$$- (1 - \operatorname{siv} a),$$

fût réellement négative comme elle en a l'apparence; mais comme dans ce second quadrans on a

$$\operatorname{siv} a > 1,$$

il suit que

$$(1 - \operatorname{siv} a)$$

est elle-même une quantité négative, et que par conséquent

$$- (1 - \operatorname{siv} a)$$

redevient une quantité positive.

17. Pour donner encore un exemple de l'usage de ce tableau, je chercherai comment on doit modifier les formules du premier quadrans pour les rendre immédiatement applicables au troisième, en supposant que la sécante s'y trouve.

Je vois que dans le premier quadrans on a

$$\operatorname{séc} a = \frac{1}{1 - \operatorname{siv} a},$$

et dans le troisième,

$$\text{séc } a = \frac{1}{\text{siv } a - 1}.$$

Or pour ramener cette dernière équation à la même forme que la première, il faudrait changer le signe; j'en conclus que la sécante du troisième quadrans est inverse à l'égard de celle du premier, et qu'il faut par conséquent changer en effet le signe dans les formules. Pour nous en convaincre, multiplions dans l'équation

$$\text{séc } a = \frac{1}{1 - \text{siv } a},$$

du premier quadrans, le numérateur et le dénominateur de la fraction, par le dénominateur

$$1 - \text{siv } a,$$

et nous aurons,

$$\text{séc } a = \frac{1}{(1 - \text{siv } a)^2} - \frac{\text{siv } a}{(1 - \text{siv } a)^2}.$$

Faisons la même transformation sur la formule

$$\text{séc } a = \frac{1}{\text{siv } a - 1}$$

du troisième quadrans, et nous aurons

$$\text{séc } a = \frac{\text{siv } a}{(\text{siv } a - 1)^2} - \frac{1}{(\text{siv } a - 1)^2};$$

mais $(\text{siv } a - 1)^2$ est la même chose que....

$(1 - \text{siv } a)^2$, donc les valeurs de séc a dans le premier et le troisième quadrans sont les différences des mêmes variables

$$\frac{1}{(1 - \text{siv } a)^2} \quad \text{et} \quad \frac{\text{siv } a}{(1 - \text{siv } a)^2},$$

prises dans des sens inverses, d'où il suit que les sécantes du premier et du troisième quadrans, quoiqu'elles se confondent, tant pour leur grandeur que pour leur direction, n'en sont pas moins des quantités opposées, dans le sens que les analystes attachent à ce mot : ce qui prouve que ce mot ne présente pas toujours à l'esprit une idée bien claire, et que ces quantités opposées ne sont autre chose que les quantités respectivement inverses que nous avons définies d'une manière claire et précise (9).

18. Il faut pourtant convenir que sauf quelques exceptions assez rares, il est facile de reconnaître les quantités qui deviennent *inverses,* ou, comme on dit improprement, *négatives,* chaque fois qu'on passe d'un état à l'autre du système et par conséquent celles qui doivent changer de signe. Mais ordinairement on n'exécute point ces changemens de signe à chaque mutation de l'état du système ; on les laisse subsister pendant tout le cours du calcul, tels qu'ils seraient si l'on

n'était pas sorti du système primitif, c'est-à-dire,
de l'état sur lequel les raisonnemens ont été établis pour la mise en équation, et que l'on prend
pour le terme de comparaison, auquel on rapporte tous les autres : on se réserve donc de faire
dans le résultat même, les changemens qui se
trouvent nécessaires. Cette manière de procéder
est ce qui distingue essentiellement l'analyse de la
synthèse. Celle-ci n'admet jamais dans le calcul
que des formes explicites, c'est-à-dire, des quantités absolues et des opérations immédiatement
exécutables. D'où il suit qu'à mesure que l'état du
système change, il faut qu'elle modifie ses formules d'une manière analogue, afin qu'elles ne
cessent jamais d'être le tableau fidèle de ce système qu'elle suit dans toutes ses mutations. L'analyse, au contraire, part d'un état déterminé du système; cet état déterminé est le système primitif
qu'elle prend pour terme de comparaison, et sur
lequel elle établit son raisonnement dans l'expression des conditions du problème. Dans ce raisonnement, pour la mise en équation, elle procède
absolument comme la synthèse, c'est-à-dire, en
considérant toutes les quantités comme absolues,
et n'employant les signes *plus* et *moins* que pour
indiquer des additions et des soustractions réelles.
Mais ensuite, au lieu de modifier comme la synthèse, ses formules primitives à mesure qu'elle

passe d'un état à l'autre du système, elle regarde
ces formules primitives comme appartenant sans
distinction à tous les états successifs du système.
Par ce moyen elle se dispense d'examiner séparément chacun des cas particuliers, laissant au
calcul lui-même le soin de redresser l'effet des
fausses hypothèses, et renvoyant à la fin du calcul les modifications qui pourront se trouver encore nécessaires alors. La synthèse ne s'occupe
donc que des quantités absolues et des opérations
immédiatement exécutables qui peuvent satisfaire
aux questions proposées; tandis que l'analyse
considère toutes les formes algébriques qui peuvent satisfaire aux équations trouvées. Mais elle
fait disparaître ensuite les formes négatives et
imaginaires, en les soumettant aux transformations ordinaires de l'algèbre, comme si c'étaient
de véritables quantités, et ramène ainsi ses équations aux formes explicites désirées, et sans lesquelles le calcul ne serait point achevé, puisqu'il
serait susceptible de nouvelles simplifications.

Aucune quantité ne peut devenir, soit négative,
soit imaginaire, sans cesser d'être une véritable
quantité, parce qu'il n'y a évidemment de véritables quantités, que les quantités absolues. Mais
on dit improprement que telle quantité devient
négative ou imaginaire, pour dire qu'il faut en
effet dans le cours du calcul ou dans son ré-

sultat, substituer à cette véritable quantité, une fonction négative ou imaginaire, afin de corriger par là les formules qu'on avait faussement supposées être immédiatement applicables au nouvel état du système. Ce n'est point cette quantité elle-même qui est négative ou imaginaire, c'est la forme purement algébrique qu'on est obligé de lui substituer, pour maintenir l'exactitude des formules.

Ainsi en nommant a un angle aigu et π l'angle droit, ce n'est pas cos $(2\pi - a)$ qui est négatif, il est tout aussi positif que cos a; l'un et l'autre sont des quantités absolues parfaitement égales entre elles; mais ce qui est négatif, c'est la fonction algébrique — cos $(2\pi - a)$ qu'il faut effectivement substituer dans le calcul ou dans son résultat, pour corriger les formules qui n'ont été établies que pour les angles aigus, lorsqu'on veut par une fausse supposition les étendre aux angles obtus.

De même, ce n'est point séc $(2\pi + a)$ qui peut jamais être négative, puisqu'elle est parfaitement identique avec séc a; mais ce qui est négatif, c'est — séc $(2\pi + a)$ qu'il faut absolument substituer à séc $(2\pi + a)$, pour rectifier dans le résultat du calcul, la première fausse supposition que l'on avait faite, en regardant les formules qui ne sont immédiatement applicables qu'au premier qua-

drans, comme indistinctement applicables à tous
les points de la circonférence. Et l'on ne peut pas
dire que la quantité substituée à l'autre lui soit
égale, car ce serait dire que — séc $(2\pi + a)$ est
égale à séc $(2\pi + a)$ ou que — 1 est égal à 1, ce
qui serait par trop absurde.

De même encore, en nommant y l'ordonnée
d'une courbe, ce n'est point cette quantité y qui
devient négative, lorsqu'on passe d'un des côtés
de l'axe des abscisses à l'autre. y reste toujours
une quantité absolue; mais ce qui est négatif,
c'est l'expression algébrique $-y$ qui doit en effet
être substituée à cette quantité absolue y lorsqu'on
passe d'un côté à l'autre de l'axe des abscisses,
pour corriger la fausse supposition que l'on avait
faite en regardant mal à propos l'équation de la
courbe comme immédiatement applicable aux
quatre régions indistinctement, tandis qu'elle ne
l'est réellement qu'à la première.

Il faut donc, lorsqu'on dit que *telles ou telles
quantités deviennent négatives ou imaginaires,*
considérer cette locution comme une manière
abrégée de dire que ces quantités devront être
remplacées dans le résultat du calcul, par des expressions algébriques en effet négatives ou imaginaires, afin de corriger la fausse supposition que
l'on a faite dans la mise en équation, en regardant ces équations comme immédiatement appli-

cables à tous les cas. Ce n'est donc là qu'un langage fictif, mais d'ailleurs très utile, puisqu'il donne
le moyen d'embrasser par une même formule,
tous les cas particuliers d'un problème, en se réservant d'y faire à la fin, les modifications qui
pourront se trouver encore nécessaires, à l'effet
d'éliminer les contradictions que n'auraient pas
entièrement fait disparaître les transformations
opérées dans le cours du calcul.

Il semble qu'on pourrait éviter tout-à-la-fois
cette expression impropre, imaginée probablement pour abréger, et les circonlocutions qu'indique le développement d'une théorie exacte,
en appelant *valeur de corrélation*, l'expression
quelconque qui doit remplacer la valeur absolue
d'une quantité, afin de corriger les formules où
elle entre, lorsqu'on veut les rendre immédiatement applicables à un nouveau cas non compris
dans ces formules primitives : ainsi en nommant
π l'angle droit, l'expression $-\cos(2\pi - a)$ serait
simplement, non comme il est absurde de le dire,
la valeur de ce cosinus du supplément de a, ou la
valeur de $\cos a$, lorsque a est un angle obtus, mais
sa *valeur de corrélation*, c'est-à-dire, celle qu'il
faut mettre en effet pour $\cos a$, dans les formules
relatives au premier quadrans, lorsqu'on veut les
rendre immédiatement applicables au second, et
de même $-y$ ne serait pas la vraie valeur de y

correspondante à la partie gauche de l'axe des abscisses, mais seulement sa *valeur de corréla- tion,* c'est-à-dire, celle qu'il faut en effet lui subs- tituer, pour que l'équation qui n'est immédiate- ment applicable qu'à la première région de la courbe, le devienne à la seconde et à la troi- sième. Alors on pourrait dire sans crainte d'induire en erreur, *la valeur de corrélation de telle ou telle quantité devient négative, devient ima- ginaire.*

Les valeurs de corrélation des quantités qui appartiennent à un état quelconque du système, ne sont donc autre chose que les fonctions algé- briques qui doivent être substituées aux quantités absolues correspondantes du système primitif, dans les formules qui s'y rapportent, pour que ces formules deviennent immédiatement applicables à ce nouvel état du même système.

Ces fonctions algébriques peuvent être des ex- pressions positives, négatives ou imaginaires, sui- vant la manière d'être du nouvel état du système à l'égard du premier ou système primitif, c'est-à-dire, de celui sur lequel les raisonnemens ont été éta- blis : ce sont les valeurs qui satisfont aux équations primitives, lorsqu'on veut les appliquer immédia- tement au nouvel état du système, ou, ce qui re- vient au même, ce sont les valeurs que l'on tire de ces équations primitives lorsqu'on les applique immédiatement à ce nouvel état. Comme ces deux états sont différens, il peut arriver que ces valeurs soient négatives, ou même imaginaires, mais ce ne sont point là les vraies valeurs, ce ne sont que les valeurs de corrélation; les vraies valeurs sont les quantités absolues qu'elles représentent; et d'après la théorie que nous avons développée, ces véritables valeurs sont inverses à l'égard de celles qui leur correspondent dans le système primitif, lorsque leurs valeurs de corrélation sont des expressions négatives; c'est ce que nous pouvons exprimer en disant que *quand la valeur de corrélation d'une quantité devient négative, sa valeur absolue devient inverse*, et c'est aussi ce qu'il faut entendre par le principe ordinaire que *les valeurs négatives doivent être prises en sens contraire des valeurs positives*. Ces valeurs négatives ne sont autre chose que des valeurs de corrélation, et les valeurs qu'on doit prendre en sens contraire des valeurs positives, sont les quantités absolues qui répondent à ces valeurs de corrélation, et qui en effet sont alors inverses à l'égard de ce qu'elles étaient dans le système primitif. On peut donc ne rien changer, même à l'énoncé de la proposition reçue, et nous n'avons prétendu ici que lui assigner le sens précis qu'elle doit avoir, et en donner la démonstration par les seuls principes mathématiques.

Lors donc qu'on dit, suivant l'usage, que telle ou telle quantité devient négative, cela doit s'entendre de sa valeur de corrélation relativement à tel ou tel autre état du système, et lorsqu'on dit qu'alors il faut prendre cette quantité dans le sens opposé à celui qu'on lui avait attribué dans l'expression des conditions du problème, cela ne doit au contraire, s'entendre que de la valeur absolue, qui en effet doit être prise sous une autre acception que celle qu'on lui avait donnée, tellement que si dans la mise en équation on lui avait donné l'acception d'une quantité $(m-n)$, dans laquelle on aurait supposé $m > n$, il faudra au résultat du calcul, la prendre dans l'acception de la quantité inverse $(n-m)$, dans laquelle on supposera $(n > m)$.

Une valeur de corrélation négative n'est, comme l'on voit, autre chose que la valeur absolue prise collectivement avec le signe *moins*, et par conséquent une forme algébrique complexe, indiquant tout-à-la-fois une quantité et une opération à faire sur cette quantité, opération même qui serait inexécutable si cette expression devait rester isolée. Mais toutes ces formes purement hiéroglyphiques disparaissent par les transformations; et les formules primitives qui n'étaient d'abord immédiatement applicables qu'à l'état du système sur lequel les raisonnemens avaient été

établis, deviennent par ces mêmes transformations immédiatement applicables à tous les autres
états du même système successivement.

17. Il me semble qu'après ces développemens,
toutes les difficultés doivent être levées. Rien absolument n'est changé dans la marche usitée
jusqu'à ce jour; on prouve seulement qu'on a
droit de la suivre, et qu'elle est entièrement fondée
sur des notions purement mathématiques. On
met à l'ordinaire, chaque problème en équation,
en regardant toutes les quantités sur lesquelles on
établit le raisonnement, comme des quantités absolues. Ces équations primitives formées, on les
regarde comme immédiatement applicables à tous
les états dans lesquels le système peut se trouver
successivement, en se réservant de faire dans le
résultat même du calcul, les modifications nécessaires pour chaque cas particulier. Lorsqu'on est
enfin parvenu à ce résultat, et qu'il indique des
opérations inexécutables, on en conclut que l'on
est sorti de l'état primitif sur lequel les raisonnemens ont dû être faits : on s'occupe donc alors
de rechercher quel est le nouvel état du système
auquel doivent se rapporter les équations trouvées, en faisant aux hypothèses sur lesquelles le
calcul a été établi, les modifications qu'exige le
passage du premier état du système au second;

opération pour laquelle il n'y a que l'habitude du calcul qui puisse servir de guide, et que l'on indique vaguement, en disant que les valeurs négatives doivent être prises en sens contraire des valeurs positives. Telle est la marche qu'on a toujours suivie depuis Descartes, et telle est aussi la conséquence des principes que nous nous sommes efforcés d'établir, en écartant ou rectifiant les fausses notions que semblent indiquer les tournures de phrases employées dans l'usage ordinaire de l'analyse.

20. On peut voir par tout ce qui précède que l'analyse ne diffère point de la synthèse, comme on le suppose ordinairement, en ce que celle-ci n'opère que sur des quantités connues, tandis que l'analyse opérerait sur les quantités inconnues, comme si elles étaient connues, mais bien en ce que cette dernière opère réellement sur les quantités négatives comme si elles étaient positives, ce que ne fait jamais la synthèse, quoiqu'elle opère aussi bien que l'autre sur les quantités inconnues. C'est précisément cette différence qui donne à l'analyse un si grand avantage sur la synthèse, parce qu'elle englobe sous une même formule générale, tous les cas pour lesquels il faut à l'autre autant d'examens et de formules particulières ; celle-ci n'employant jamais que les véritables

quantités qu'elle veut comparer, et ne les compa-
rant jamais que directement ou par l'intermédiaire
d'autres quantités effectives comme elles. L'analyse, au contraire, prend souvent pour termes de
comparaison entre les véritables quantités des
êtres imaginaires, de pures formes algébriques;
mais ces formes algébriques portent toujours avec
elles l'indice qui sert à les éliminer, au moyen de
diverses transformations qui tendent sans cesse à
apurer le calcul, en le ramenant aux formes explicites, sans lesquelles il resterait inutile comme
un calcul non achevé.

On ne peut s'empêcher de reconnaître, comme
nous l'avons dit au commencement de cette Note,
une grande analogie entre ces procédés et ceux de
l'analyse infinitésimale. Celle-ci parvient à son but
par des erreurs qui se compensent, l'autre par
des hypothèses contradictoires qui se corrigent
l'une par l'autre. Dans la première, les quantités
infinitésimales ne sont que des quantités auxiliaires, qu'il faut nécessairement éliminer pour obtenir les résultats cherchés; dans la seconde, les
quantités négatives isolées et les imaginaires, ne
s'emploient de même qu'auxiliairement et comme
des instrumens qui deviennent absolument étran-
gers à l'édifice, une fois qu'il est construit.

FIN.

TABLE DES MATIÈRES.

FIN DE LA TABLE DES MATIÈRES.

Fig. 1.

Fig. 2.

Fig. 5.

Fig. 7.

Fig. 8.

Gravé par Adam.

Fig. 3 .

Fig . 4 .

Fig . 6 .

Fig . 9 .

Fig . 10 .